公差与配合
——高级技工实作必读

戴 兵 编著

中国铁道出版社

2012年·北京

内 容 简 介

　　本书主要介绍了公差与配合的基本知识、各种公差的测量工艺、钳工的工具及表面粗糙度、螺纹连接等内容，并结合现场实际演练介绍了实例。

　　本书是一本通俗易懂的小册子，语言风趣，适合工人自学。

图书在版编目(CIP)数据

公差与配合——高级技工实作必读/戴兵编著.
—北京:中国铁道出版社,2012.9
ISBN 978-7-113-15163-8

Ⅰ.①公… Ⅱ.①戴… Ⅲ.①公差－配合－基本知识
Ⅳ.①TG801

中国版本图书馆 CIP 数据核字(2012)第 230848 号

书　　名:公差与配合——高级技工实作必读
作　　者:戴　兵　编著

责任编辑:王明容　　电话:021－73138　　电子信箱:tdpress@126.com
封面设计:郑春鹏
责任校对:孙　玫
责任印制:陆　宁

出版发行:中国铁道出版社(100054,北京市西城区右安门西街8号)
网　　址:http://www.tdpress.com
印　　刷:北京鑫正大印刷有限公司
版　　次:2012年9月第1版　2012年9月第1次印刷
开　　本:787 mm×1 092 mm　1/32　印张:3　字数:55千
印　　数:1~2 000册
书　　号:ISBN 978-7-113-15163-8
定　　价:10.00元

前　言

这不是一本关于"公差与配合"课程的教材,它的主旨是帮助那些在钳工手艺方面有所追求的人,帮他们启动灵感,便捷地突破重重障碍,快速掌握技高一筹的方法,这也是我们整个职教系统所共同追求的目标。

一九八二年中国铁道出版社出版了《钳工基础》的修订本。在"公差与配合"一章的开篇述道:在机械制造和修理部门,不管你技术水平多高,如果不知道"公差配合",那你就无法下手工作。这个忠告一直没受到特别的关注,原因在于我们机械装配行业延续着粗放型工作的习惯,等发生了严重的质量问题,就更换配件了事。用户总在要求提高质量,大家也都费了很大的力,但常常还是换不来质量,一些具有现场工作教训的同志说:轴是合格的,或者孔也是合格的,赶不巧,配在一起就用不了多长时间。好像质量已经到头了,出了事故就抱怨设计得不好,有失公平。一些具有反省能力的人往往能够觉察到自己在装配知识方面比较薄弱,特别注意学习了"公差与配合"方面的知识,通过学习,与设计者沟通了思想,获得装配技巧,改进组件的装配,使其装配达到最佳的效果,从而保证了设备质量。

一些想学习公差配合的高级技工,苦于自学太难,又找不到合适的学习教材,所以作者很早就想编写一本通俗易懂的教材了。这本教材特别适合自学,貌似简单,其实很注重知识体系的构建,让读者学习后头脑不会一片混乱,而且它还能帮你建立自信，不被这个有点抽象的东西吓倒。当你感觉学习其他版本的教材有难度的时候，这本小册子就可以帮上你的大忙了，所以她也很适合各类工科院校学生的辅助学习。这本小册子用了另一种口味的笔调，重新作了叙述，属于翻译范畴，就如从古汉语翻译成现代汉语一类，如果硬要说出有何创新的话，那么就是她经过了扒皮抽筋的改造，把活鲜鲜的有用的"肉"剃出来，完全摒弃标准教材的冷面孔，增加了测量技术和具体方法，更加贴近实际，贴近现场职工的口味，可以摆在手头上，随时来用；最后从理论的角度，阐释生产中的"小而广"问题的根源，对多如牛毛的螺纹连接防松问题作了详细分析，总结出"公差与配合"在螺纹连接方面的重要性，并给大家提出了螺纹自动紧固的实践课题。

钳工技能竞赛有教材后，可以说种了瓜不仅得了瓜，同时还得来了再种瓜的种子。它给广大的钳工提供了技能竞赛的学习资料，技能竞赛不是比谁"做出来快"或"组装快"，而要比技艺，比谁更趋近于规定的技术要求。这本小册子可以解决这个问题。比如在钳工基础比武中，让参赛者制作有平行度和（或）垂直度要求的六方形，这本书不仅能轻松地教会你看懂图纸要求，还能手把手教会你测量。如若看不懂图纸，不懂技术要求，即使累得你满头大汗，做出来很可能不及格。因为人家要的是龙种，而你拿出来的不应该是跳蚤。

由于水平有限，对一些理解还不够深透，实践经验还很缺乏，因此，书中难免有不足之处，真诚地恳请各位同志批评、指正。

作　者

目　录

有道之士

贵以近知远，以今知古，以所见知所不见；
故审堂下之阴，而知日月之行，阴阳之变；
见瓶水之冰，而知天下之寒，鱼鳖之藏也。

摘自《吕氏春秋·察今》

假如你稍有旅游常识，并将要去某地旅游，你一定会先看地图，或者找一位曾在那里生活过的人询问一番。这样你会用最短的时间，尽览美丽的景色，否则，用去你一个月，最终仍像初来乍到的"刘姥姥"。

这是一张关于机械零件装配基础知识的游览图，只要你往下看，你视线触碰到的任何一个地方，都是指引你往前走的"红箭头"。看完这张地图，你足不出户，便知"天下"，不信就试试吧！

一、熟悉的公差

举例说吧,一根轴的尺寸 $\phi25^{+0.025}_{-0.01}$,这根轴只要粗不超$(25+0.025)$,最细不细于$(25-0.01)$。那么,这轴就算合格了。

孔也一样。

公差就是指:$(25+0.025)-(25-0.01)$,也即,$0.025-(-0.01)=0.025+0.01=0.035$。是一个范围。

这个公差绝大多数人都知道。工作中,也知道测量。令人担忧的是,他们以为只有在关键的零件上才需要注意公差,更令人担忧的是,他们误认为测量了关键部位上的尺寸公差,就是"公差"的全部。

二、关于配合

一根轴与孔相配,以完成一定的机械任务,就算"配合"。

条件是:轴与孔的基本尺寸要相同。

什么是基本尺寸?你自己看看下几页当中关于"公差语言"的图解(图28)就明白了。往往解释的愈多,愈让人糊涂。

现在,出个小题目试一试。轴为 $\phi25^{+0.010}_{-0.029}$,孔为 $\phi25^{+0.030}_{0}$。开动脑筋想一想。这种配合是紧?是松?还是不定?如果你的小细账算得蛮好,那么,这个问题一点不难。

你算出来是"紧",那么就叫"过盈配合";

算出来是"松",就叫"间隙配合";

不能确定的,也就是有可能紧、也有可能松的,叫"过渡配合"。

以上三个常提到关于"配合性质"的概念就算罗列出来了。

举个例子算一下,轴为 $\phi25^{+0.031}_{+0.021}$,孔为 $\phi25^{+0.021}_{0}$。体会体会吧!

这里就不再给出教科书中的概念词了(上偏差、下偏差及其代号,挺麻烦的)。实在不愿意动脑筋的,下面我就提供一个思路:孔最大时的尺寸减去轴最小时的尺寸,就是最大间隙(也有可能是最大过盈)。

接着,就又来了一个问题:"紧"、"松"各到什么程度?接着介绍一个用得上的重要概念——配合精度。

三、配合精度

这是根据机器配合部位的使用要求,对松紧变动程度给定的允许值。是设计者根据实践经验进行科学归纳总结得出的结论。它告诉我们哪个地方要紧到哪种程度,哪个地方要松到哪种程度。

我们不能马大哈地说:紧着呐或很紧!

有的同志反诘说:轴(或孔)是新的,怎么能不合格?他忽略了另一个是旧的。即使仍然"过盈",但其"度",打了折扣,甚至于置之"度"外,造成使用不久就有了问题。我想,上文提到的"赶巧"、"赶不巧"就是这种配合的"度",掌握到家不到家的反映。

一个符合公差要求的轴,和一个符合公差要求的孔,配合在一起肯定符合配合精度吧?是的。但作为一名高级装配工,他仍然不放弃选择,因为他的责任和经验告诉他,哪个场合使用"上限"最好,哪个场合使用"下限"最好。这正是与初级装配工相区别的地方。

有位负责检修电力机车受电弓的钳工高手,曾向大家介绍"弓升高度偏差"的重要性,他介绍说,虽然弓升高度,升至上限或下限都合格,但如果升至上限,滑板磨耗就快,是发生"弓网事故"的主要原因。如果是下限,那么弓网间接触压力小,容易产生火花。所以应该在"技术要求"的基础上,进一步确认更加合适的"弓升偏差"。这虽然不是配合的例子,却能说明配合精度的重要性。

到此为止,公差与配合这一课目,你已学完了。放下这本小册子,去现场重新体会一下现在的感受如何。

四、附加量具使用方法

游标卡尺、千分尺、内径百分表是装配工不可缺少的量具。在这本为现场急需而印制的小册子里,有必要把这个内容加上。

使用的方法,其他书籍和网上固然也可以查到,但应急时就不方便了,再说了,量具的使用和注意事项,是我请教了几位测量方面的技能高手之后总结出来的,在此要感谢他们了,尤其是唐山机务段的刘强同志。

(一)游标卡尺的使用

1. 游标卡尺的三种结构型式

(1)测量范围为 0～125 mm 的、带有刀口形的上下量爪和带有深度尺的型式(图1)

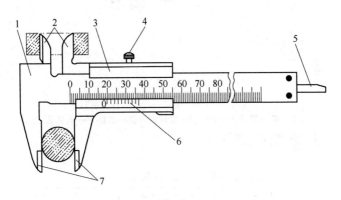

图　1

1—尺身;2—上量爪;3—尺框;4—紧固螺钉;
5—深度尺;6—游标;7—下量爪

(2)测量范围为 0～200 mm 和 0～300 mm 的、带有内外测量面的下量爪和带有刀口形的上量爪的型式(图2)

可以看见,这把尺带有微调装置,如图中的标号5。使用时,先用固定螺钉4把微动装置5固定在尺身上,再转动微动螺母7,活动量爪就能随同尺框3作微量的前进或后退。微动装置的作用,是使游标卡尺在测量时用力均匀,便于调整测量压力,减少测量误差。

(3)测量范围大于 300 mm 的游标卡尺,制成仅带有

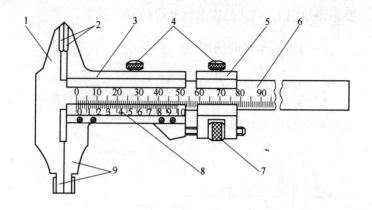

图　2

1—尺身;2—上量爪;3—尺框;4—固定螺钉;

5—微动尺框;6—主尺;7—微动螺母;8—游标;9—下量爪

下量爪的型式(图3)

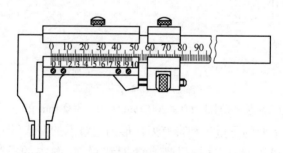

图　3

2. 三种最小读数值及读数示例

(1)最小读数值为 0.1 mm 的游标卡尺

a. 当两爪合并,游标零线与主尺零线对准时,游标上的第 10 刻线正好指向等于主尺上的第 9 mm,见图4。

如图 5 例尺寸即为:$5 \times 0.1 = 0.5$(mm)

图 4

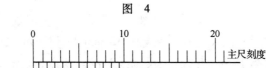

图 5

b. 当两爪合并,将游标上的零线与主尺上零线对齐时,10 格对准主尺的 19 mm 见图 6。

图 6

如图 7 例尺寸即为:$2 + 3 \times 0.1 = 2.3 (\text{mm})$

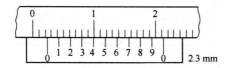

图 7

(2)最小读数值为 0.05 mm 的游标卡尺

当两爪合并,游标上的 20 格刚好等于主尺的 39 mm,见图 8。

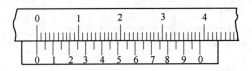

图 8

如图 9 例尺:游标零线在 32 mm 与 33 mm 之间,游标上的第 11 格刻线与主尺刻线对准。所以,被测尺寸的整数部分为 32 mm,小数部分为 $11 \times 0.05 = 0.55(\text{mm})$,被测尺寸为 $32 + 0.55 = 32.55(\text{mm})$。

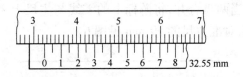

图 9

(3)最小读数值为 0.02 mm 的游标卡尺

当两爪合并时,游标上的 50 格刚好等于主尺上的 49 mm。见图 10。

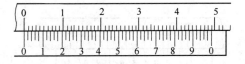

图 10

如图 11 例尺寸:游标零线在 123 mm 与 124 mm 之间,游标上的 11 格刻线与主尺刻线对准。所以,被测尺寸的整数部分为 123 mm,小数部分为 $11 \times 0.02 =$

0.22(mm),被测尺寸为 123 + 0.22 = 123.22(mm)。

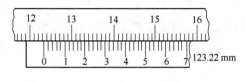

图 11

3. 游标卡尺的使用注意事项及使用示图

（1）要轻拿轻放，不得碰撞或跌落。用软布将量爪擦干净，使其并拢，检查两测量面接触情况，不得有明显的漏光现象，查看游标和主尺身的零刻度线是否对齐。

如果对齐就可以进行测量。

如果没有对齐，即使量具在检定合格期内，也必须送计量部门重新进行检定。

（2）检查尺框及微动装置，移动尺框时，活动要自如，不应有过松或过紧。用固定螺钉固定尺框时，卡尺的读数不应有任何改变。在移动尺框时，不要忘记松开固定螺钉。

（3）当测量零件的内外尺寸时，应先拧松紧固螺钉，右手拿住尺身，大拇指移动游标（图12），移动游标不能用力过猛，注意尺身与待测件位置，试着轻轻

图 12

用量爪找对测量点，量爪与待测物相贴，注意两量爪与待测物的接触不宜过紧，贴紧后不能在量爪内挪动被测件，

需要固定读数时,就用紧固螺钉将游标固定在尺身上,防止滑动。如卡尺带有微动装置,当量爪与待测物相贴后,可拧紧微动装置上的固定螺钉,再转动调节螺母,使量爪接触零件,轻轻取下游标卡尺,读取尺寸。见图13~图14。

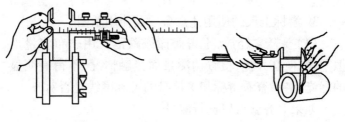

图 13　　　　　　　　　　图 14

(4)测量时,量爪与工件位置正误图示

a. 测量外形尺寸时,量爪不得歪斜(图15)

b. 测量圆孔时,量爪位于孔的直径位置处,且不得歪斜(图16)

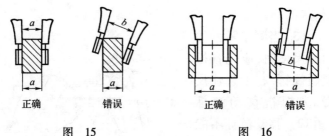

正确　　　　错误　　　　正确　　　　错误

图 15　　　　　　　　　　图 16

(5)读数时,游标卡尺应水平拿着,并朝向光亮方向,视线应与尺面垂直,不可以从侧面或斜视读取。读数时首先以游标零刻度线为准在尺身上读取毫米整数。然后看游标上第几条刻度线与尺身的刻度线对齐。要仔细辨认刻线指示位置。注:若没有正好对齐的线,则取最接近对齐的线进行读数。

当需要精密测量时,要查看计量检定记录的零误差值。如存在零误差,则要计算在内。零误差的处理方法,一律用结果减去零误差。

注意:零误差为负的,相当于加上相同大小的零误差啊。实际测量时,对同一长度应多测几次,取其平均值来消除偶然因素,如果需测量数次取平均值,不需每次都减去零误差,只要从最后结果减去零误差就行了。

注意:当采用下量爪外侧表面测量内尺寸时(图13),读取结果一定要把量爪的厚度尺寸加进去。应特别注意量爪经修理过的尺寸可能小于 10 mm,其实际尺寸一般都标记在量爪的侧面上。

(6)游标卡尺量爪测量面的形状及选用

游标卡尺量爪测量面有多种形状,如平面形外测量面、刀口形外测量面、圆弧形内测量面和刀口形内测量面等。测量时,应根据被测零件的形状正确选用。如测量平端面和圆柱形外尺寸,应选用平面形外测量面;测量内尺寸可选用圆弧形或刀口形内测量面;测量沟槽及凹形弧面,则应选用刀口形外测量面。如图17所示,该工件测量面为凹形弧面沟槽,测量沟槽底部直径尺寸时,只能选用刀口形外测量面,而不能用平面形外测量面。

(7)游标卡尺的保管,这也是考评的一项内容:游标卡尺使用完毕,用棉纱擦拭干净,两量爪合拢并拧紧紧固

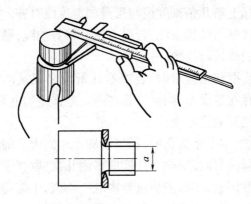

图　17

螺钉,放入卡尺盒内盖好。

　　c. 这种游标卡尺直接显示出读数。见图 18。

图　18

4. 其他型游标尺

(1)高度游标尺(结构如图 19 所示)

其正确使用方法及注意事项:

　　① 使用前,应擦拭干净。尺框沿尺身移动应平稳、灵活,松开尺框紧固螺钉后,尺框不应自行滑落。

　　② 零位检查。应在平板上进行,将基座底面擦干净放在平板上,用手压住基座四周时,不得有晃动感觉。装

上量爪、推下尺框、使量爪和平板紧密接触。此时,游标
上的零线应与尺身零线对齐,说明零位正确。如果多次
校对后,零位仍不正确,则不能使用,须送计量部门检修。

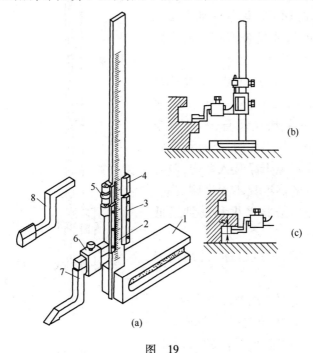

图　19

1—基座;2—尺身;3—尺框;4—微动尺框;5—微动螺母;

6—夹持器;7—划线量爪;8—量爪

③ 测量时,将被测零件和高度游标卡尺置于同一平
板上。移动尺框,使量爪测量面接近被测表面,旋紧微动
尺框固定螺钉,使微动尺框固定在尺身上,通过旋动微动
螺母5,使量爪与被测表面紧密接触,如图19(b)所示。
此时可由尺身和游标刻线上读得被测尺寸高度。注意:

视线要垂直于刻线面。

如果用量爪的上测量面进行测量时,如图 19(c)所示,游标卡尺读数应加上量爪尺寸 b,才是被测零件的实际尺寸。

④ 维护与保养,搬动高度游标尺时,应一手托住底座,一手扶住尺身,不允许横着提尺身。使用完毕后,应将高度尺擦干净装入盒内,没有装盒的高度尺不允许倒着放。用完后应将尺框移动到最低位置。

(2)深度游标尺(结构如图 20 所示)

使用方法及注意事项:

① 零位检查。擦净尺身与尺座测量面,把尺座的测量面平放在平板上,用左手压紧,用右手向下推动尺身,使其测量面与平板紧密接触。

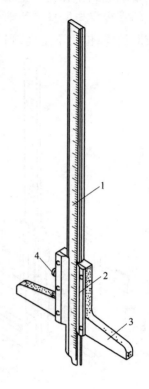

图 20
1—尺身;2—游标;3—尺座;
4—紧固螺钉

此时,游标的零刻线和尺身的零刻线应对齐。

② 测量时,应先松开紧固螺钉,把尺座放在被测零件上,用左手压稳,右手向下轻推尺身,当感到下端面与被测面接触后,旋紧紧固螺钉,取下读数。读数方法与前

述游标卡尺相同。

(二)百分尺(又名螺旋测微器)的使用

螺旋测微器有两种,百分尺的读数值为 0.01 mm,千分尺的读数值为 0.001 mm。我们习惯上把百分尺和千分尺统称为百分尺。目前我们大量用的是读数值为 0.01 mm 的百分尺,以下主要介绍这种百分尺的使用与读数。百分尺的构造见图 21。

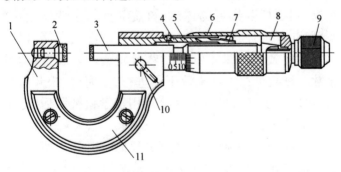

图　21

1—尺架;2—固定测砧;3—测微螺杆;4、5、6、7、8—测微套件;
9—测力旋钮;10—锁紧螺钉;11—绝热板

对待它要像对待自己的手指一样就行了,保持百分尺的清洁,测量前、后都必须擦干净。它只适用于测量精确度较高的尺寸,不能测量毛坯面,更不能在工件转动时去测量。测量前将百分尺及被测物擦干净,尤其是将百分尺的测砧与测微螺杆端面擦干净,要用绸布仔细擦。

使用前,还要检查零位,转动测力旋钮,使两测砧面接触(若测量上限大于 25 mm 时,在两测砧面之间放入校对量杆或相应尺寸的量块),接触面上应没有间隙和漏光现象,同时微分筒和固定套筒要对准零位。若零点未对齐,应修正。

转动测力旋钮时,微分筒应能自由灵活地沿着固定套筒活动,没有任何不灵活的现象。

测量时先打开锁紧装置,转动旋钮,使测砧与测微螺杆之间的距离略大于被测物体。一只手拿尺架的绝热板位置,消除手温对量具的影响,将待测物放在测砧与测微螺杆的端面之间,另一只手转动旋钮,先旋粗调螺筒,当螺杆要接近物体时,再旋后面的微调钮,直至听到喀喀声,停止拧动,严禁直接拧动活动套筒,以防用力过度致使测量不准确。然后旋紧锁紧装置,即可读数。读数可在工件未取下前进行,读完后,松开百分尺,再取下工件。也可将百分尺用锁紧钮锁紧后,把工件取下后读数。

注:需要单手使用外径百分尺时,如图 22 所示,可用大拇指和食指或中指捏住活动套筒,小指勾住尺架并压向手掌上,大拇指和食指转动测力装置就可测量。不用绝热板,短时测量尚可。否则应注意体温对测量的影响。

用粗俗点的话再说一遍:旋开后放入你要测量的东西,拧大螺母可以很快卡紧,将要卡紧的时候拧后面的小螺母,听到咔咔的很小声音就表示拧紧了,可以读数了。

百分尺的具体读数方法可分为三步:

(1)先读主尺上的读数,出来整数毫米。一定要注意不能遗漏应读出的 0.5 mm 的刻线值。

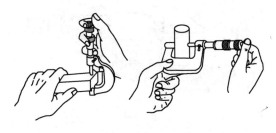

图 22

(2)读出微分筒上的尺寸,要看清微分筒圆周上哪一格与固定套筒的中线基准对齐,将格数乘 0.01 mm 即得微分筒上的尺寸。

(3)将上面两个数相加,即为百分尺上测得尺寸。

如图 23 示例(a),在固定套筒上读出的尺寸为 8 mm,微分筒上读出的尺寸为 27(格)×0.01 mm = 0.27 mm,上两数相加即得被测零件的尺寸为 8.27 mm;

如图 23 示例(b),在固定套筒上读出的尺寸为 8.5 mm,在微分筒上读出的尺寸为 27(格)×0.01 mm = 0.27 mm,上两数相加即得被测零件的尺寸为 8.77 mm。

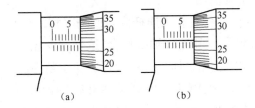

(a)   (b)

图 23

新型外径百分尺简介:

数字外径百分尺更方便。见图 24。

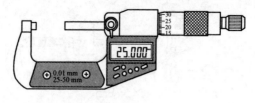

图　24

(三)内径百分表的使用

内径百分表用以测量或检验零件的内孔直径及其形状精度。见图 25。

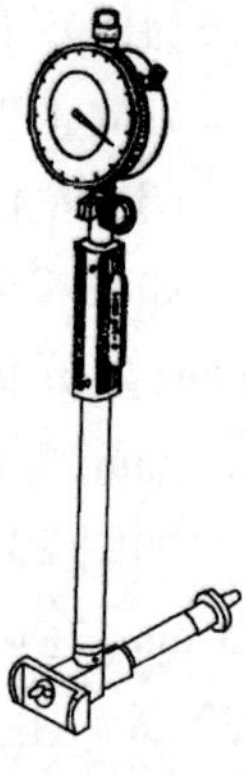

1. 使用前检查

(1)检查是否附有成套的可调测量头,检查内径表的检定贴签,检查外观和各部位的相互作用。测头移动应平稳、灵活、无卡滞现象。

(2)检查活动测头和可换测头表面光洁,连接稳固。

2. 正确使用

图　25

(1)将百分表装入连杆内,使小指针指在 0 ~ 1 的位置上,长针最好和连杆轴线重合,这样刻度盘上的字应垂直向下,以便于测量时观察,装好后应予紧固。

(2)选可换测头。根据被测孔径的公称尺寸,选取相应尺寸的可换测头并装到表杆上。先不锁紧。

(3)校对"0"位。根据被测量尺寸选取外径百分尺,校对百分表的"0"位。见图 26。校对"0"位的方法:首先将外径千分尺调整到被测孔径的公称尺寸。

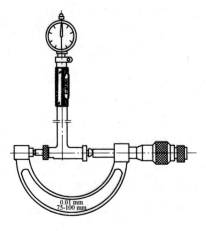

图　26

　　然后分别将测头、百分尺的工作面擦净后,用手按动几次活动测头,看百分表的运动情况,以检查百分表的灵敏度和示值变动性。当灵敏度和示值变动性符合要求后即可校对"0"位,用左手握住手柄,右手按下定位护桥把活动测头压下,将内径量表的接杆和活动测杆接触在外径百分尺的量柱、量杆端,应使百分表的活动测头总移动量在中间位置比较妥当。这时可紧固好锁紧螺母。摆动手柄,找出指针的"拐点",转动百分表刻度盘,使"0"线与指针的"拐点"处重合。这时百分表在 0 刻度位置的尺寸就是百分尺调到的尺寸,这个的道理跟曹冲称象的道理一样。

　　然后再摆动几次手柄,用以检查"0"位是否已经对准。如果在摆动手柄时,指针每次均在"0"线处拐回来,说明"0"位已对准。对好"0"位后用手按下定位护桥,把内径表从百分尺中抽出来。

（4）测量时,连杆中心线应与工件中心线平行,不得歪斜,表杆应沿测量接杆方向摇摆,表杆进入及退出被测孔时应斜放,不允许测杆在孔内垂直拉动或转动,以免量具磨损。见图27。

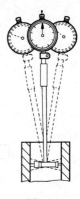

（5）测杆、测头、百分表等配套使用,不要与其他表混用。远离液体,不使油与内径表接触。在不使用时,要摘下百分表,使表解除其所有负荷,让测量杆处于自由状态。成套保存于盒内,避免丢失与混用。

图 27

3. 读数方法

百分表分度值(1 小格)为 0.01 mm。普通百分表大指针转一圈就是小指针转动 1 格(1 mm)。

把内径百分表的测头插入孔中按需要测量内孔变化量,大指针顺时针转动说明孔小了,反之就是孔大了。

举例说,大指针顺时针转到20,而此时小指针转动不到一格,那就表示此测量点和对零点相差 0.2 mm。读数结果应该是百分尺的实际数,减去 0.2 mm。如果小指针也随之转动了一格,那就是表示此测量点和对零点相差 1.2 mm。

要想知道杨梅的味道,还是要亲口尝尝。不清楚的地方再看看教材。

五、公差的语言

你在图纸上一定看到过"ϕ25h6"、"ϕ25 m7"等标注方法,这是表达公差的另外一种语言。

学会这个语言其实很简单,可以看图 28 的图解。这个图解是我根据《学习的革命》的理论绘制的,它会努力帮你记住。放心吧。

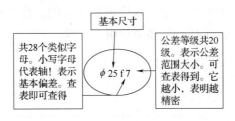

基本尺寸

共28个类似字母。小写字母代表轴! 表示基本偏差。查表即可查得

φ 25 f 7

公差等级共20级。表示公差范围大小。可查表得到。它越小,表明越精密

图 28

强调一下"基本偏差"这个概念:

不弄清楚还不行,它处在一夫当关的位置,它被提及的频率太高了,什么是基本偏差? 举例看:

$\phi 25^{+0.03}_{-0.01}$、$\phi 25^{\ 0}_{-0.05}$、$\phi 25^{-0.02}_{-0.03}$ 等

注意:距基本尺寸"25"最近的那个偏差,就叫"基本偏差"。第一个数的上、下偏差,谁离基本尺寸近呢? 是 −0.01 还是 +0.03 呢,显然是 −0.01 近。所以如上三例分别为: −0.01、0、−0.02。

因为节省刀具、量具的原因;因为减少配合种类,以利互换的原因,国家标准对孔和轴分别规定 28 种基本偏差。也就是说,加工孔或轴时,不能随便定一个数作为"基本偏差"。而必须是 28 种中的一个。并以一定的字母表示。比如,A(a)、B(b)、F(f)、D(d)、G(g)……(大写的代表孔,小写的代表轴)。这就是代表"基本偏差"的字母的来历。

这些字母所代表的"基本偏差"距"基本尺寸"有多远,请看这个象奶瓶嘴一样的图案,见图29。这个图案告诉我们,每个基本偏差的字母代号,所处的位置也就代表距离基本尺寸的偏差有多大。具体解释,看看下几段的说明。没有立马完全看懂也是正常的。找个师傅用手一指,可能就明白了,和窗户纸一样薄。

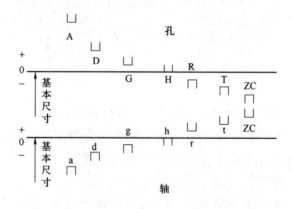

图 29

下半部分代表轴,从 a 到 h,基本偏差越来越小。比如一根"基本尺寸"为直径 50 mm 的轴,经查表,"a"所代表的"基本偏差"是"–0.34"、"b"所代表的"基本偏差"是"–0.19",相同的办法知道:"d"、……"g"、"h"所代表的"基本偏差"分别是:"–0.14"、……"–0.01"、"0"。

可以看出:"基本偏差"是从 a 到 h 的轴,其实际直径都小于"基本尺寸"。注意观察图 29 中"∩"的开口方向,都是开口向下,就表示轴的上偏差是基本偏差,而下偏差还可以再小于"基本尺寸",小到多少由标出的公差等级确定。

同理可以看出:"基本偏差"是从 j 到 zc 的轴,其实际直径都大于"基本尺寸"。

留心 h(或 H)所处的位置。它们的基本偏差是"0"。以后我们会经常和它见面。关于这个图,你也可以找个明白的朋友,帮着指导一下,他会一指就破,一点就通。如果一时还搞不懂,现在就记住:"h"或"H"代表的基本偏差是"0"。如 $\phi25$ h,这个轴是基准轴,最粗(而不是最细!)是 25 mm,最细由公差等级决定;而 $\phi25$H,这个孔是基准孔,最小(而不是最大!)是 25 mm,最大由公差等级决定。

好,让我们试着看一看"$\phi90$e7"到底表达了什么。这是根轴,因为代表"基本偏差"的字母是"小写"的;这根轴的"基本尺寸"是"90"mm;通过小写字母"e"知道,(e 应该在基本尺寸线的下方,开口向下,本册子贪图省事,没在上面奶嘴瓶似的图上标出来,敬请原谅。)这根轴最粗不超过"90"mm,这由"e"所代表的开口向下的偏差决定的。在这一点上,如果没看明白,就再询问一下吧。要比 90 mm 小多少呢? 按规则查"轴的基本偏差"表,是国标。看表 1——基本偏差表(摘录的,用于教会如何查看基本公差的):因为基本尺寸是 90 mm,可以看到,倒数第 4 行的基本尺寸是 80 - 100,再看基本偏差符号"e"所在的列是第八列,行和列交叉地方的数值,就是基本偏差数值,查出是 -72,单位微米,也就是说,这根轴最粗是"$90^{-0.072}$";最细呢? 通过公差等级数值"7",同理按规则查"标准公差"表,国标。看表 2,查到对应的基本尺寸为 90 mm 的所在行,是倒数第 6 行,对应公差等级精度为 IT7 的列,是第 6 列,第六列与第六行交叉处的数值35 mm,就是标准公差,即这根轴从 $90^{-0.072}$ 的基础上,再允许减少 0.035 mm。用公差语言表示就是:$\phi90e7$ 或 $\phi90^{-0.072}_{-0.072-0.035}$,(也就是 $\phi90^{-0.072}_{-0.107}$)表达相同的意思。

表 1　部分基本偏差表

基本尺寸 mm		基本偏差数值										
		上偏差 ea										
		所有标准公差等级										
大于	至	a	b	c	cd	d	e	ef	f	fg	g	h	js
—	3	−270	−140	−60	−34	−20	−14	−10	−6	−4	−2	0	
3	6	−270	−140	−70	−46	−30	−20	−14	−10	−6	−4	0	
6	10	−280	−150	−80	−56	−40	−25	−18	−13	−8	−5	0	
10	14	−290	−150	−95		−50	−32		−16		−6	0	
14	18												
18	24	−300	−160	−110		−65	−40		−20		−7	0	
24	30												
30	40	−310	−170	−120		−80	−50		−25		−9	0	厚
40	50	−320	−180	−130									
50	65	−340	−190	−140		−100	−60		−30		−10	0	
65	80	−360	−200	−150									
80	100	−380	−220	−170		−120	−72		−36		−12	0	
100	120	−410	−240	−180									
120	140	−460	−260	−200		−145	−85		−43		−14	0	
140	160	−520	−280	−210									

表2　部分标准公差表

基本尺寸		IT4	IT5	IT6	IT7	IT8	IT9	IT10	IT11	IT12	IT13
大于	到	μm									
6	10	4	6	9	15	22	36	58	90	150	220
10	18	5	8	11	18	27	43	70	110	180	270
18	30	6	9	13	21	33	52	84	130	210	330
80	120	10	15	22	35	54	87	140	220	350	540
120	180	12	18	25	40	63	100	160	250	400	630
180	250	14	20	29	46	72	115	185	290	460	720
250	315	16	23	32	52	81	130	210	320	520	810
315	400	18	25	36	57	89	140	230	360	570	890
400	500	20	27	40	63	97	155	250	400	630	970

六、配合的语言

　　公差的语言明白之后,配合的语言也就迎刃而解了。我们不能一提配合就说一长串文字:什么样的轴与什么样的孔,这样太啰唆。用代号代表就方便了。人总是就简避难的。为了避难就要想法子,这个法子得到了国家的认可,就成了国标。国标规定:$\phi50H8$ 的孔与 $\phi50f7$ 的轴相配合(或者说:基本偏差为 H 的 8 级孔和基本偏差为 f 的 7 级轴相配合)。表示为:$\phi50H8/f7$

　　查表,就能查出具体的数字。

　　看来配合代号是由孔和轴的公差带代号组成,写成分数形式,分子为孔的公差带代号,分母为轴的公差带代号。

　　在这里,我再提字母和其后的数字,就有重复唠叨之嫌。

七、偷懒的配合及其说法——
"基孔制"、"基轴制"

"配合"的种类多如牛毛。据计算约有30万种。正如一个人能与30万人中任何一个都可能结婚一样。但婚配要图个上上婚,就讲究"门当户对"、"郎财女貌"。这种结构搭配是实践的结果,比较合理、安全、满意。

轴与孔的配合也如此。国标也规定了 13 + 13 = 26 种。

常提"基孔制"、"基轴制"。提的频率很高,并不是因为它伟大,而是它露头的机会多。本来,在这本小册子里,我不想提这个概念,但若不提,大家会疑惑有个重要内容没提到,而总觉自己对"公差与配合"仍然挂一漏万,致使怀疑小册子的价值。所以不妨在此点破:

请回过头去翻一翻前面提到的"基本偏差"。基本偏差为"0"的,用"H"或"h"表示的。我们偷懒地称其为"基孔制"或"基轴制"。

比如 $\phi165H7$,查表,即 $\phi165^{+0.04}_{0}$ mm。一看就可以判定是"基孔制"。以这个孔的尺寸及尺寸偏差为标准,选择与它合适的轴,这个轴的基本尺寸也必须是 165 mm,偏差依孔的配合要求而定,想要求"过盈",就选大的;想想求"间隙",就选小的,想"过渡",也就是介于松紧之间,那就选一个标准中所推荐的。

"基轴制"照"基孔制"类比一下就是了。

八、认识名人

在我们平常遇到的配合中，眼前晃的总是那 26 个大明星。虽然不知它们的名字，但非常脸熟。我们不妨当一把追星族吧。

当你遇上它的时候，一看便能知道它是谁。再不用翻查书费事了。你会很神气地告诉身边的同行，这一对是间隙配合，那一对是过渡配合。显得你很在行。

下面，我把 26 种优选配合列出来。看不看随你。正如世上的那些名人，你认不认识他，也无关紧要。

1. 以轴为基准的配合（基轴制）有 13 种：

间隙配合 8 种：G7/h6、H7/h6、F8/h7、H8/h7、D9/h9、H9/h9、C11/h11、H11/h11；

过渡配合 2 种：K7/h6、N7/h6；

过盈配合 3 种：P7/h6、S7/h6、U7/h6；

规律：以小"h"代表的轴在下，且其条件（即精度）比孔高一级或平级。

2. 以孔为基准的配合（基孔制）也有 13 种：

间隙配合 8 种：H7/g6、H7/h6、H8/f7、H8/h7、H9/d9、H9/h9、H11/c11、H11/H11；

过渡配合 2 种：H7/k6、H7/n6；

过盈配合 3 种：H7/p6、H7/s6、H7/u6；

规律：以大"H"代表的孔在上，精度等级低一级或平级。这是因为孔比轴较难加工，从经济角度考虑让孔精度低些。合算。

图纸上或工艺书上,这些配合人家已替你选定了。那么就没必要麻烦你记住里面的数据,你能认识它们,查表直接应用就行了。

九、关于"公差等级"的理解

公差等级,共 20 级,什么是公差等级高和低?打个比喻就知道了:一根轴,"基本尺寸"为 25 mm,"基本偏差"代号为 m(即为 +0.008 mm),假如要求是一级精度(即 IT1),那么车削后符合要求的尺寸应是:25+0.008 到 25+0.008+0.001 5 之间,即 $\phi25^{+0.0095}_{+0.08}$(注:"0.001 5"是根据标准公差表差得的,查找方法前几页介绍过了);假如要求是 14 级精度(即 IT14),同理可查得符合要求的尺寸应是:25+0.008 到 25+0.008+0.52 之间,即 $\phi25^{+0.528}_{+0.008}$。显然范围大多了。

结论:等级越低,工件尺寸范围越大,越好加工,价格越低廉。在装配作业中,越需要选配。选好了,比用等级高的还要合适!

所以,高级技工,能够少花钱,干精活。

好象应该完结了。我们既然已经知道了公差和配合,又懂得了它们的语言。可是,在我们工艺书上,还有一些"技术要求",我们没有学习到,不知道代表什么。现在我们刚到半山腰上。

尺寸正好不就完事了吗? 不能。比如轴的尺寸正好,不粗也不细,符合公差要求。但要是弯呢? 要是不圆呢? 想想看,我们用的自行车轮子,出厂时,尺寸都是合格的,安装时,还要调幅条干什么? 你要没这些要求,那好办了,弯也好,翘也罢,只要骑上往前走! 问题是弯、翘太多,一颠一拐的,让人受不了。怎么办? 就规定个形状误差和位置误差吧。要弯,不能弯多少;要翘,不能翘多少;要平、要圆、要平行、要垂直、要倾斜、要同轴、要对称等。都要在要求的范围内,这就是形状与位置公差,简称"形位公差"。

是不是以前没见过? 那么我们再往前学学吧。

十、形状和位置公差(简称形位公差)

(一)形状和位置公差的基本概念

1. 形状公差的基本概念:对零件表面上一条线(直线或圆),或一个面(平面或圆柱面),本身在加工后,所产生的误差的允许变动量,都属于形状公差。

从文字上看,重点突出了"一"。

2. 位置公差的基本概念:对零件表面上两个或两个以上的点、线或面,相互位置所产生的误差的允许变动量,都属于位置公差。

从文字上重点突出了"两"和"相对"。

小结:形状公差是指实际形状对理想形状的允许变动量。位置公差是指实际位置对理想位置的允许变动量。是相对的。

(二)常见形状和位置公差项目的符号

形状和位置公差项目的符号

现在就端详端详它们的面孔吧。以后会经常见到的。

1. 形状公差符号(共 6 个,图 30)

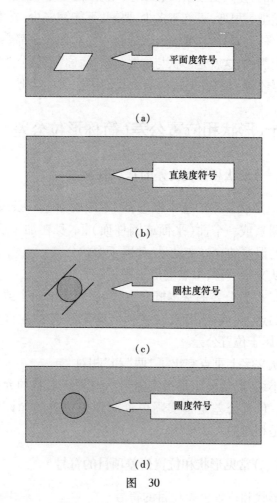

（a）

（b）

（c）

（d）

图　30

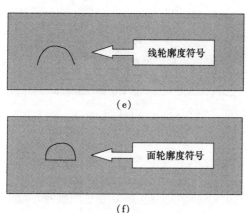

(e)

(f)

图　30

临时说明:圆度和圆柱度的区别,圆度是指在一个横切面上的测量数值,圆柱度是指在整个圆柱上的所有横切面上的圆度。所以在实际测量时就会是不同的测量方法。(具体测量方法后面有)

2. 常见位置公差项目的符号(共8个)

位置公差项目的符号(共8个,图31)

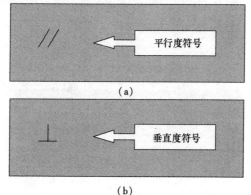

(a)

(b)

图　31

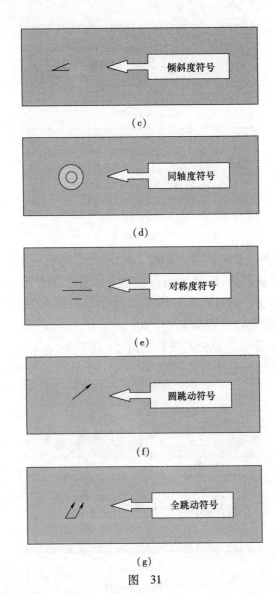

（c）

（d）

（e）

（f）

（g）

图　31

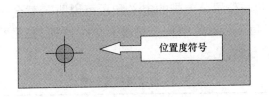

（h）

图　31

临时说明:圆跳动和全跳动的区别,圆跳动是指在一个横切面上的测量数值,全跳动是指在整个圆柱上的所有横切面上的跳动数值。所以在实际测量时也会有不同的测量方法。

记住这些代号吧。

（三）看下面它们的代号组成（图32）

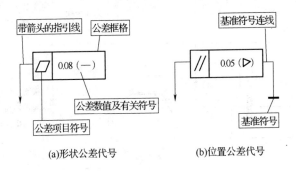

图32　形位公差代号组成

我来帮你找规律:用作标注"位置公差"时,都有基准符号的"短划",也就是以那个地方为基准的意思。

框格内的数值,如何理解呢? 这里不多说明了,太繁杂,占用篇幅太多。但要真想弄明白也是很有意思的,看看"形状与位置公差带的定义和示范说明",就会一目了然了。每种版本的教科书里都有这个罗列,在此罗列出来提供方便,见表3。

表3 形状与位置公差

项目	图 例	说 明
直线度	— 0.01 φ20	实际轴线 φ0.01 轴线直线度公差为0.01 mm,实际轴线必须位于直径为0.01 mm的圆柱面内
平面度	▱ 0.1	0.1 实际平面 平面度公差为0.1 mm,实际平面必须位于距离为0.1 mm的两平行平面内
圆度	○ 0.005 φ18	0.005 实际圆 圆度公差为0.005 mm,在任一横截面内,实际圆必须位于半径差为0.005 mm的二同心圆之间
圆柱度	⌭ 0.006 φ30	0.006 实际圆柱 圆柱度公差为0.006 mm,实际圆柱面必须位于半径差为0.006 mm的二同轴圆柱之间

项目	图 例	说 明
线轮廓度		线轮廓度公差为 0.1 mm，实际曲线必须位于包络以理想曲线为中心的一系列直径为 0.1 mm 圆的两包络线之间
面轮廓度		面轮廓度公差为 0.2 mm，实际曲面必须位于包络以理想曲面为中心的一系列直径为 0.2 mm 球的两包络面之间
平行度		平行度公差为 0.05 mm，实际平面必须位于距离为 0.05 mm 且平行于基准平面 A 的两平行平面之间
垂直度		垂直度公差为 0.05 mm，实际端面必须位于距离为 0.05 mm 且垂直于基准轴线 A 的平行平面之间

项目	图 例	说 明
倾斜度		倾斜度公差为0.03 mm,实际斜面必须位于距离为0.03 mm且与基准平面 A 成 45° 的两平行平面之间 45° 表示理论正确角度
同轴度		同轴度公差为 φ0.02 mm,φ20 圆柱的实际轴线必须位于以 φ30 基准圆柱轴线 A 为轴线的以 0.02 mm 为直径的圆柱面内
对称度		对称度公差为 0.05 mm,键槽的实际中心平面必须位于距离为 0.05 mm 的两平行平面之间。该两平面对称地配置在通过基准轴线 A 的辅助中心平面两侧

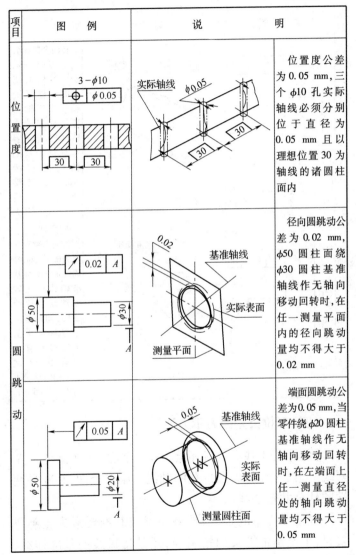

项目	图 例	说 明
位置度	3-φ10 ⊕ φ0.05 30 30	位置度公差为 0.05 mm,三个 φ10 孔实际轴线必须分别位于直径为 0.05 mm 且以理想位置 30 为轴线的诸圆柱面内
圆跳动	0.02 A φ50 φ30 A	径向圆跳动公差为 0.02 mm,φ50 圆柱面绕 φ30 圆柱基准轴线作无轴向移动回转时,在任一测量平面内的径向跳动量均不得大于 0.02 mm
	0.05 A φ50 φ20 A	端面圆跳动公差为 0.05 mm,当零件绕 φ20 圆柱基准轴线作无轴向移动回转时,在左端面上任一测量直径处的轴向跳动量均不得大于 0.05 mm

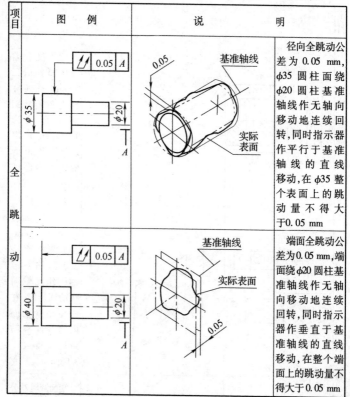

项目	图 例	说 明
全跳动		径向全跳动公差为0.05 mm，$\phi35$圆柱面绕$\phi20$圆柱基准轴线作无轴向移动地连续回转，同时指示器作平行于基准轴线的直线移动，在$\phi35$整个表面上的跳动量不得大于0.05 mm
		端面全跳动公差为0.05 mm，端面绕$\phi20$圆柱基准轴线作无轴向移动地连续回转，同时指示器作垂直于基准轴线的直线移动，在整个端面上的跳动量不得大于0.05 mm

（四）形位公差的表示方法

再看图33基准的标示点，第一个图，基准是任一条素线。第二个图，基准是孔的轴线。第三个图，基准是两端圆柱公共轴心线。

顺便要提示的是，当被测要素或基准要素为轮廓要素时，不论是带箭头的指引线，还是带短线的基准连线，

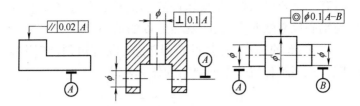

图 33 采用基准代号的标注方法

都要指在相应轮廓要素的轮廓线上,并明确地与尺寸线错开;

当被测要素或基准要素为中心要素时,一定要与该要素的尺寸线对齐。

顺便再提到一些其他的标注规矩:图 34 这种标注的样子是,一个箭头带两个框,并且箭头指在轮廓线上,表示这个轮

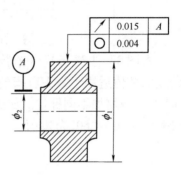

图 34 共有箭头注法

廓线同时有两个要求,一个是要求圆跳动的位置公差,一个是要求圆度的形状公差;还看到基准线与轴心线对齐,说明基准是 ϕ_2 的轴心线。

图 35 这种标注的样子是,三个箭头带一个框,并且箭头指在轮廓线上,表示这三个轮廓线同

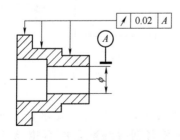

图 35 共用指引线注法

时有一个要求,这个是要求圆跳动的位置公差。基准线与轴心尺寸线对齐,说明基准是 φ 的轴心线。

图 36 的标注,有基准符号连线,没有短划,咋回事呢?这表示位置公差两要素为任选基准。

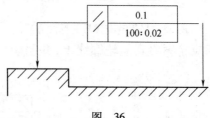

图 36

看图 37,注意"60"这个数。在图纸上,形状和位置公差的数值适用于箭头所指的整个表面,但当有特殊要求时,应当增加不同标记。如此图的跳动公差,要求是在细实线画出的"60"范围内。

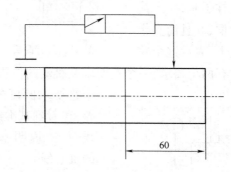

图 37

图 38 中方框内的":"又代表什么呢?要求任意一100 mm 长度上,与下平面不平行度误差不得大于0.01 mm。注意:看见形位公差框格内,有":"。

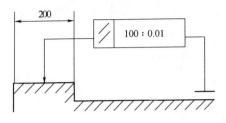

图 38

图 39 中,框格内多了分式表示法,用分式表示,分子表示全长范围内的公差值,分母表示给定范围的公差值。图 39 所示为两平面在全长范围内,不平行度误差不得大于 0.1 mm,并要求每 100 mm 长度上,不平行度误差不得大于 0.02 mm。

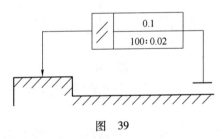

图 39

再看下面其他附加要求的标注情况:框格内,带有"三角形"指示符号的,尖端朝左或右。

图 40 表示有平行度公差,要求为 0.01 mm,"三角形"尖端朝右,意思是若有平行度误差,则只允许向右边逐渐减小。

同理,也有"三角形"尖端向左的。

下面的标注是另一种带有附加要求的标注情况:框

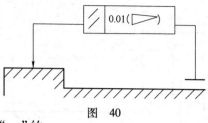

图　40

格内,带有"＋"的。

图 41 表示直线度公差为 0.08 mm,但框格内有"＋",意思是若有直线度误差,则只允许中间向材料外凸起。

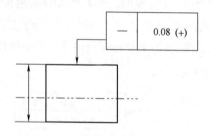

图　41

同理,也有"－"的。表示若有直线度误差,只允许中间向材料内凹下。

还有一种"相关公差"的标注。当你看到形位公差框格内有Ⓜ、Ⓔ这样的符号,就代表是要执行相关公差的规定。

相关公差:区别于独立公差而提出的概念。先前,我们学过的公差都是独立公差,意思是,图纸上同时标注的尺寸公差和形位公差,两者相互无关,各自负责各自的条件;而相关的话,那就是要执行相关公差的规定了。教科书上,把相关公差的规定分为"包容原则"和"最大实体原则",分别用符号 Ⓔ 和符号 Ⓜ 表达。总的思想是:在装配中形位公差与尺寸公差之间可以相互增补,这些零件只是为了保证装配的互换性。

(五)试试学习效果

看图纸,参见图 42 齿轮零件图对照以上知识,解释下列形位公差的含义。

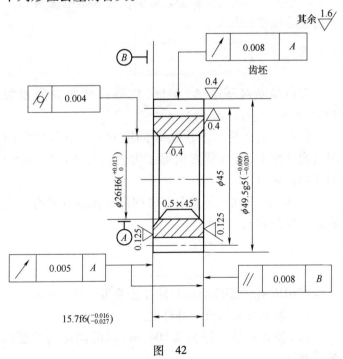

图　42

1. 参照"形状与位置公差带的定义和示范说明",查看圆跳动的含义。

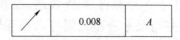

齿坯外圆对基准 A 的径向圆跳动公差为 0. 008 mm。

公差带是在垂直于基准 A 的任一测量平面内,半径为公差值 0. 008 mm,且圆心在基准轴线上的两同心圆之间的区域。

2. 参照"形状与位置公差带的定义和示范说明",查看端面圆跳动的含义。

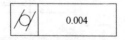

左右端面对基准 A(轴线)的端面圆跳动公差为 0. 005 mm。

公差带是在与基准轴线 A 同轴的任一直径位置的测量圆柱面上,沿母线方向宽度为公差值 0. 005 mm 的圆柱面内区域。

3. 参照"形状与位置公差带的定义和示范说明",查看圆柱度的含义。

⌀	0.004

ϕ26H6 孔的圆柱面的圆柱度公差为 0. 004 mm。

(1)被测要素为整个圆柱面。

(2)公差带是半径为 0. 004 mm 的两同轴圆柱面内的区域。

(3)实际要素必须位于两同轴圆柱面之间的公差带和直径为最大实体尺寸理想圆柱面的包容面内。

4. 参照"形状与位置公差带的定义和示范说明",查看面对面平行度的含义。

//	0.008	B

左右两端面的平行度公差为 0.008 mm。

公差带是距离为 0.008 mm 的两平行平面之间的区域。

十一、公差的测量工艺

我们的重点,贵在看懂图纸要求,并且会测量,在机械装配中,以便知道工作的注意力所集中的方向,不用再盲目装配了。另外在钳工比武中,更容易获得个好成绩。

那开始学习主要的公差测量方法吧:

(一)平面度(□)的测量方法

如图 43 所示,将被测零件支撑在平板上,通过支架

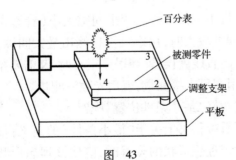

图 43

1—百分表;2—被测零件;3—调整支架;4—平板

调整被测平面上对角线对应两点(1 与 2、3 与 4)等高。然后用百分表测量被测面上的各点,从百分表所指示的最大与最小之差,就是平面度数值了。

(二)直线度(一)的测量方法

生产中根据零件精度要求,采用不同的方法。

用平尺测量:将刀口尺测量面(刀刃处)平放在工件被侧表面上。此时,刀口尺与实际线之间所产生的最大间隙值,就是直线度误差。如图 44 所示。

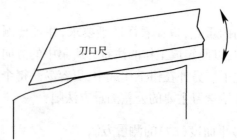

用刀口尺测量直线度

图　44

找好最小条件位置→测出间隙大小(看透光或用塞尺)。当误差较大时,用塞尺直接测出最大间隙值,既是被测零件的直线度误差;当误差很小时,又需要精确数值时,不能用塞尺直接测量,就用光隙法测量。

如何找好"最小条件位置"呢?

先看看教科书上关于"最小条件"的定义:最小条件是指在确定理想形状的位置时,应使该理想形状与实际形状相接触,并使理想形状与实际形状之间的最大距离为最小,也就是相接触并贴得最紧。

继续解释一下:正如上图用刀口尺测量直线度的例子,刀口尺作为理想形状的直线,与实际工件接触了,但是刀口尺可以如箭头所示方向小幅度旋转,这样一来,所测间隙值就不一样了,如何取值? 在测量形状误差时,按"最小条件"要求,取间隙值最小的那个数值。

(三)圆柱度(⌀)的测量方法

测量圆柱度用比较接近的简单检测方法代替:

1. 取全长各截面所有读数中的最大值与最小值,算出两者的一半就是圆柱度。见图45。

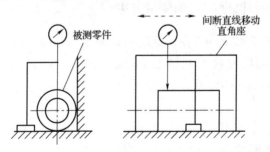

图45 圆柱度的近似测量

2. 用两顶针顶住被测工件的两中心孔(这两中心孔一定是加工工序基准孔),将百分表测头放在圆柱表面,然后,旋转工件,同时将百分表沿着轴线方向移动(被测长度范围),观察百分表的读数,用最大数减最小数即为圆柱度公差。见图46。

3. 测量内孔圆柱度时,用内径百分表在内孔一截面一周测得最大最小读数,用同样方法测得内孔若干截面

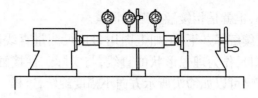

图　46

一周的最大最小读数,然后取各截面所有最大与最小读数差的一半,就是该内孔的圆柱度。

测量点越多,越接近真实情况。

圆柱度是对圆柱形体的轴剖面和横剖面所提出的综合形状误差。

(四)圆度(○)的测量方法

如图 47 所示,在指定的横截面上,对好百分表,旋转工件,测量出最大和最小值,取其差值的一半,就是该截面的圆度。

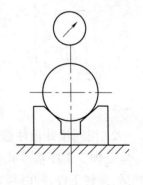

举个常用的例子,发动机气缸的圆度偏差和圆柱度如何测量?

测量方法和步骤:

参见内径百分表的使用方法。

图　47

(1)在气缸活塞上止点处,沿气缸壁内圆周作多点测量,测得最大和最小数值。

(2)在气缸全长的中间部位用相同方法测出该截面

的最大和最小数值。

（3）在气缸活塞下止点处,测出同一截面的最大和最小数值。

（4）比较以上三处最大与最小值之差,其最大差值的一半为所测气缸的圆度偏差;在以上所测 6 个数值中,最大值与最小值的一半为该气缸的圆柱度偏差。

（五）轮廓度的测量方法

一般方法:用样板 + 看光隙评定,如图 48 所示。

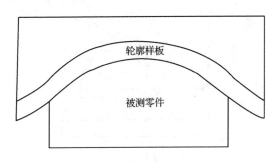

图48　线轮廓度的测量

轮廓度既有形状公差特征又具有位置公差特征,它表示任意一种曲面相对某一基准曲面的公差。

我国设计的零件图样,很少使用轮廓度,而多用一些尺寸公差及垂直度、平行度等形位公差。下面举例说明评定轮廓度在生产中的重要作用:我们习惯于用机车轮毂踏面检查尺检查踏面是否符合要求,诸如踏面磨耗量、垂直磨耗、轮缘磨耗等。实践证明,这些数据难以全面评定踏面的优劣,尤其对于评定轮缘磨耗的速率,不具有充分的依据。而使用踏面样板检查踏面轮廓度,所得到的参考量,恰与轮缘磨耗速率正相关(数据来源《SS_1型电力机车轮缘磨耗的原因分析及改进措施》)。

(六)平行度(//)的测量方法

1. 平面对平面的平行度误差的测量

图49中是测量零件上表面对下表面不平行度误差的情形。将被测零件2的基准表面放在平板上,使百分表1在被测表面上移动,百分表上所指示出的最大与最小读数之差,就是该零件上下两平面的不平行度误差值。

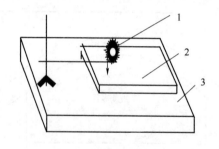

图 49

1—百分表;2—被测零件;3—平板

2. 轴心线对平面的平行度误差测量

图50是测量零件上端孔的轴心线对底平面不平行度误差的情形。将被测零件3的基准表面放在平板4上,在被测零件的孔内,装入适当的心轴2,以心轴的轴心线代替孔的轴心线,而心轴的轴心线又通过外圆母线来体现。测量时,在心轴外伸端,选两个适当位置,用百分表测得心轴最高处母线的指示数值。若两测量点相距为 L 时,则百分表在此两点所测得读数之差,就是该零件

的轴心线在给定长度上对底平面的不平行度误差值。

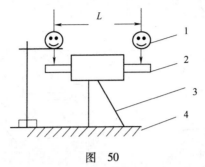

图　50

1—百分表;2—心轴;3—被测零件;4—平板

3. 轴心线对轴心线平行度误差的测量

举个经常遇到的部件——"连杆",发动机上都有,见图51。连杆分大头和小头,大头与曲轴颈相连,小头与活塞销相连,大头和小头孔轴心线的平行度关系到发动机的工作性能,在历次大型比武中,也经常用作比武项目。现在我们就来测量两轴心线的平行度。

轴心线的平行度,分垂直方向和水平方向。测量时,首先将连杆两孔内装入适当的心轴,再将大头的心轴支撑到两块等高的V形铁上,作为基准轴心线。小头体放置在垫块上。

测量水平方向不平行度误差时,连杆水平放置,用百分表测量小头心轴的外伸两端读数,所测得读数之差,就是水平方向不平行度误差值。见图51(a)。此误差放映了连杆的翘曲程度。

测量垂直方向不平行度误差时,将连杆绕大头心轴向上转90°,用百分表测得小头心轴两端读数,所测得读

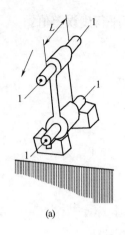
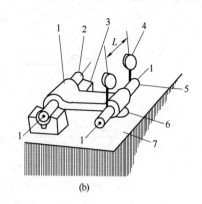

(a)　　　　　　　　　(b)

图　51

1—连杆;2,5—心轴;3—V形铁;4—百分表;6—垫块;7—工作平台

数之差,就是垂直方向不平行度误差值。见图51(b)。此误差反映了连杆的侧弯度。

(七)垂直度的测量方法

1. 平面对平面垂直度误差的测量(图52)

图52是测量零件右侧面对底平面的不垂直度误差。测量时,将被测零件的基准表面放在平板上,用直角尺靠拢被测表面〔图52(a)〕,可用塞尺直接测出其不垂直度误差。

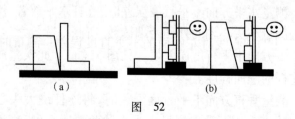

(a)　　　　　　　　　(b)

图　52

另外一种测量垂直度的方法:也可以用百分表与标准直角尺作比较测得〔图 52(b)〕。在这里,大家应该一看就心领神会了。

2. 轴心线对平面的垂直度误差的测量

(1)第一种方法是测量零件孔的轴心线对上表面的垂直度误差,测量时首先将被测零件 3 的孔内插入心轴 1,再把直角尺放在基准表面上,并靠拢心轴。在给定长度 L 位置处,可测出直角尺与心轴之间的间隙值△,此值就是被测零件孔的轴心线对基准表面在给定长度 L 的不垂直度误差值。见图 53。

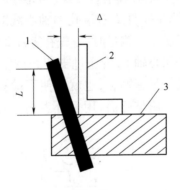

图 53

1—心轴;2—直角尺;3—被侧零件

(2)第二种方法是用图 54 的方法,图中是测量零件右侧孔的轴心线对左端面的不垂直度误差。测量时,首先将被测零件 2 支撑在支架 4 上,通过调整支架高度,使被测零件的左端面与直角尺 1 紧密贴合,在右端的孔内装入心轴 3,用百分表测得心轴 3 的上端母线在给定长

度 L 两端处读数,两读数之差就是孔的轴心线对左端面垂直度误差值。

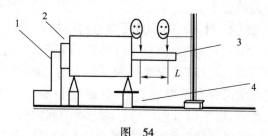

图 54

1—直角尺;2—被测件;3—心轴;4—可调支撑

3. 轴心线对轴心线垂直度误差的测量

图 55 是测量零件 2 右端孔的轴心线对下端孔的轴心线的垂直度误差。测量时,首先在零件 2 两个孔内,分别插入心轴 3 和心轴 6,再通过支架 5 调整心轴 3,使心轴 3 与直角尺 4 紧密贴合,也就是使下端孔的轴心线与平板平面垂直。调整好后,用百分表测得心轴 6 上的上

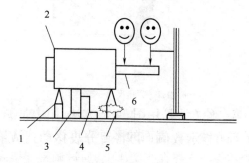

图 55

1—可调支撑;2—被测件;3—孔的心轴;4—直角尺;
5—可调支撑;6—孔的心轴

端母线相距为 L 的两点指示读数,两读数之差就是两孔轴心线的垂直度误差值。

(八)倾斜度的测量方法

1. 工件放在定角座或正弦规上;
2. 在整个被测面内移动百分表读数;
3. 最大与最小读数差就是倾斜度(图56)。

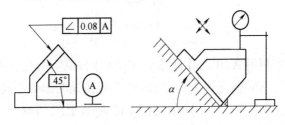

图56 倾斜度的测量

(九)同轴度的测量方法

如图57所示,指定以左端 B 孔轴心线为基准,测量同轴度误差。图中是以左端 B 孔轴心线为基准,测量右端 A 孔对 B 孔的同轴度误差的情形。为了简化,假设 A、B 孔的直径相同。测量时,将 A、B 孔内分别插入心轴 2 和心轴 5,调整支架 4,使心轴 5 的轴心线与平板平行(即用百分表测量心轴 5 的两端相读数同时即可),并记下百分表上的指示数值。再将百分表移动到 A 孔处的心轴 2 上,用同法测得该心轴两端处指示数值(注意:测量时,应尽量使百分表靠近该孔的两侧端面处,否则误差值会扩大,得不到正确的结果)。

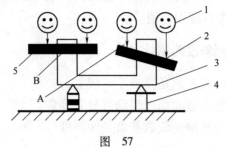

图 57

1—百分表;2—A 孔心轴;3—被测件;

4—可调支架;5—B 孔心轴

若测得 A、B 两孔处读数完全相同,说明两孔在垂直方向上不同轴度误差为零;若测得两孔处的读数不同,表明两孔不同轴,其不同轴度误差值为:A 孔处所测两读数与 B 孔处读数之差值中较大的数值。

若测得 A 孔两端读数相同,但与 B 孔的读数不同时,说明两孔的轴心线相平行,但不同轴,其不同轴度误差就是两孔读数之差。

(十)对称度的测量方法

举个常见的例子,轴上键槽对轴中心的对称度误差。

将轴放在 V 形铁上,在键槽内塞以合适的块规,用百分表调整块规,使它与平板平行,记下此时百分表的指示数值△1,然后将轴旋转 180°,用同样的方法调整块规,使它与平板平行,再记下此时的读数△2,测量完毕,最后计算一下,两个数值之差,再除以 2,就是结果了。见图58。

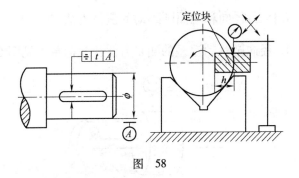

图　58

(十一) 位置度的测量方法

图 59 表示箭头所指的点，必须位于直径为公差值
0.3 mm 的圆内，该圆的圆心位于相对基准 A、B 所确定
的理想位置上。位置度，在机械工程上常常遇到，可是在
生产中却容易忽略它对机械质量的影响。仔细观察图
56 和图 57 的标识。

图 60 表示三条刻线相对于 A 基准左右，都不能超
过 0.5 mm。

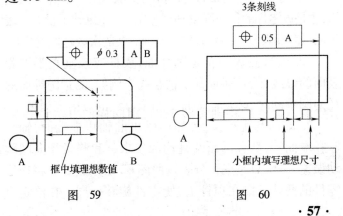

图　59

图　60

（十二）径向和端面圆跳动的测量方法

1. 径向圆跳动误差的测量方法比较简单。见图61。

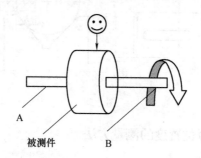

图61　测量径向圆跳动

（1）需要说明的：可用两种方法，一是用顶针支撑被测件两端，二是用V形铁支撑被测零件两端。

测量时将被测零件支持在顶针上，使百分表垂直地触到被测零件表面上，转动零件一周，在百分表上所指出的最大与最小读数之差，就是该剖面的径向圆跳动误差值。

（2）零件的被测表面上，所有剖面测得误差值中的最大值，才是该零件的径向圆跳动误差值。（注意到了没有？表头可以离开表面，再换到另一个表面，换的次数越多越好）

（3）若被测表面不是圆柱面，表杆应该垂直于被测表面的母线，千万别垂直于轴心线。例如，测量圆锥面的径向圆跳动时，必须在垂直于圆锥母线的方向上测量。

2. 端面圆跳动误差，如内燃机曲轴止推端面，轴承座孔端面等，都有端面圆跳动的要求。和测量径向圆跳动误差一样，只是把百分表按照图62所示放置。将被测零件的两端支撑在顶针上，使零件旋转一周。在给定直径上(也就是告诉你在半径多少处),百分表所指示的最大与最小读数之差,就是端面圆跳动误差值。如果没有给定直径时,应以被测端面最大直径处的误差值为准。

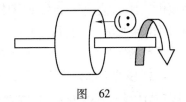

图 62

(十三)径向和端面全跳动的测量方法

学会了径向和端面跳动的测量方法,再学这个径向和端面全跳动测量方法,就简单了,既然多了个"全"字,实作就有点差别。

简单说,测量全跳动,只不过在缓慢旋转过程中,别把百分表的表头离开测量面。读数差最大的数值,就是全跳动的数值。(不会忘记吧,在上一节第(十二)里刚提到,再回头去看看,表头可以离开被测表面!)

十二、钳工的表及其他

钳工的表(图63),其作用类似于人的眼睛。在形位公差测量中,百分表的作用太大了,所以有必要重点了解百分表的构造。如图64。

百分表是一种指示式量具,它

图 63

是将被测尺寸的微小变化,通过放大机构(如齿轮传动机构、杠杆齿轮传动机构)进行放大,然后将被测尺寸的变化由指针在刻度盘上指示出来。

百分表主要由表体 1、表盘 3、指针 9、测杆 7 和内部传动系统等组成,如图 64 所示。测杆可沿套筒 6 上下移动,通过表内传动齿轮带动指针 9 转动。在表盘 3 的圆周上刻有100 个等分刻度,测杆移动 1 mm,指针转动一圈。因此,指针转动一格,表示测杆移动 0.01 mm。百分表上还有一个转数指示盘 10,当指针 9 转动一圈时,转数指示盘上的小指针转过一格,因此,转数指示盘上每格代表 1 mm。

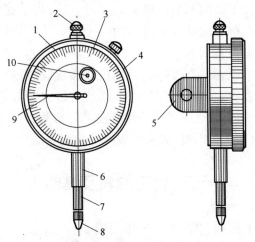

图 64　百分表

1—表体;2—圆头;3—表盘;4—表圈;5—耳座;6—套筒;

7—测杆;8—测头;9—指针;10—转数指示盘

百分表内部传动系统见图 65。当带有齿条结构的测杆 1 上下直线移动时,通过齿轮 z_1、z_2 带动齿轮 z_3 转动,与齿轮 z_3 固定在一起的指针 2 也随之转动。为了减少齿轮啮合间隙引起误差,在补偿齿轮 z_4 上装有游丝 3,其扭力矩通过补偿齿轮传至整个齿轮系,使传动机构中的齿轮副在正反行程时,都保持单向齿廓啮合。百分表的测量力则由测力弹簧 4 控制。

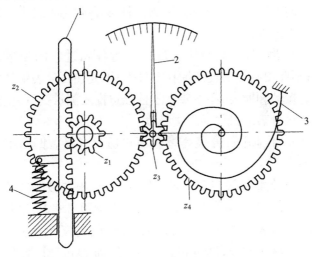

图 65　百分表传动系统示意图

1—测杆;2—指针;3—游丝;4—弹簧

使用百分表时,必须注意以下几点:

1. 使用前,应检查测量杆活动的灵活性。即轻轻推动测量杆时,测量杆在套筒内的移动要灵活,没有任何轧卡现象,且每次放松后,指针能回复到原来的刻度位置。如果没有回到原位,说明百分表稳定性不好,不能使用。

2. 使用百分表时,必须把它固定在可靠的夹持架上,常用的百分表夹持架有万能表架和磁力表架。夹持架要安放平稳,免使测量结果不准确或摔坏百分表。用夹持百分表的套筒来固定百分表时,夹紧力不要过大,以免因套筒变形而使测量杆活动不灵活。

3. 用百分表或千分表测量零件时,测量杆必须垂直于被测量表面。也就是说,要使测量杆的轴线与被测量尺寸的方向一致,否则将使测量杆活动不灵活或使测量结果不准确。

4. 测量时,不要使测量杆的行程超过它的测量范围;不要使测量头突然撞在零件上;不要使百分表受到剧烈的振动和撞击,亦不要把零件强迫推入测量头下,免得损坏百分表的机件而失去精度。

5. 不能用百分表测量表面粗糙或有显著凹凸不平的零件。

6. 在测量头与零件表面接触时,应根据被测件的公差大小决定测量杆的预先压缩量,因为预压缩大,误差也大。这是表的内部结构决定的,预压缩量应该为表头量程的 $10\% \sim 30\%$,基本在 $(0.3 \sim 1)$ mm 范围吧。然后转动表圈,使表盘的零位刻线对准指针。轻轻地拉动手提测量杆的圆头,拉起和放松几次,检查指针所指的零位有无改变。当指针的零位稳定后,再开始测量零件的工作。

7. 在使用百分表的过程中,要严格防止水、油和灰尘渗入表内,测量杆上也不要加油,免得粘有灰尘的油污进入表内,影响表的灵活性。

8. 百分表不使用时,应使测量杆处于自由状态,免使表内的弹簧失效。

零件合格不合格,准确不准确,决定于尺寸公差、形状和位置公差的综合影响。零件设计者,根据零件的使用功能和互换性要求,决定给定某一种或几种公差,零件的配合,要求满足一定的条件才能保证部件的质量。凡是给定多的,这个零件肯定重要,尤其是孔轴类零件。如机床主轴、柴油机的增压器转子轴及轴承、机车牵引电机轴承内套……

假如有兴趣的话,可再查看一下机车手把杆的图纸,如若仍标了许多公差,我敢说,这个设计者不负责任。我是在强调零件的任何公差,都是设计和审定小组慎重决定的,多加一个,国家就要花费很大的经济代价,少加一个,机器就达不到预定的使用寿命。

难道我们就可以因为某种理由,随便地不予理睬吗?认识它吧。慢慢地会熟悉起来。

知道以上这些内容有什么用呢?第一,拿出图纸来你认得了,你便有资格当别人的师傅;第二,当发生莫名其妙的机械惯性故障,你就多了一种考虑问题的角度。

如牵引电机轴承故障之后,我们测量了多套轴承,发现轴承内套的圆柱度公差都超大。这个发现至少可以说明,以上所说的形状公差和位置公差,影响轴承的工作寿命。看来,只注意轴承内套与轴径配合的紧不紧,是远远不够的。你对"公差配合"不留意,它早晚会出来捣乱,这一点是明证的。

十三、表面粗糙度

印象:检修增压器需要磨轴配瓦的时候,轴修磨后,经过科学的测量轴颈符合技术要求,但是往往在装配后轴承或轴颈很快会完蛋,后来大家发现轴颈的表面粗糙度这个环节起到了至关重要的作用,很多人都是在把轴颈修磨之后再用千目砂纸来回拉几下或者用其他的办法将轴径粗糙度处理一下,但是却达不到技术要求的程度。看来粗糙度的要求还是蛮重要的。

这节内容粗略地看上去很简单,其实理论起来更繁琐,比如什么轮廓中线、轮廓算术平均偏差、微观不平度十点高度等,光这些术语和计算就很令人发怵了。好在这些东西对于我们现场职工关系不大,所以问题自然变得由难而简。但这并不是说粗糙度这个概念不重要,相反也是特别重要。我们看有多重要呢?

(一)表面粗糙度对机械零件使用性能的影响

1. 对配合的影响,如是间隙配合,由于其表面是粗糙不平的,两个接触表面一般总是一些凸峰相接触。当零件作相对运动时,接触表面就很快磨损,从而使配合间隙增大,引起配合性质的改变。如是过盈配合。在装配压入过程中,会使零件表面的峰顶挤平,偷偷地减少了实际有效过盈量。

2. 对耐磨性的影响,粗糙的表面,配合表面间的有效接触面积越小,压强越大,会产生较大的摩擦阻力,使表面磨损速度增快。

3. 对疲劳强度的影响,粗糙零件的表面存在较大的波谷,它们像尖角缺口和裂纹一样,对应力集中很敏感,从而影响零件的疲劳强度。

4. 对密封性的影响,粗糙的表面之间无法严密地贴合,气体或液体通过接触面间的缝隙渗漏。

所以,我们一定要牢记粗糙度的概念。

其含意就是,单位面积里的多个最高点,与最低点的值,求平均值或者方差等什么的得到的一个数字,然后按阶段分级就是了。数字越小就越光滑。

(二)粗糙度符号(图66)

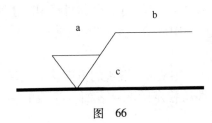

图 66

在这个图标上 a 处标注表面粗糙度等级,b 处标明加工方法,c 处标明加工纹理方向——有"⊥"、代表纹理垂直于标注代号视图的投影面;有"="、代表纹理平行于标注代号视图的投影面;有"c"、代表纹理呈同心圆。

¤ 对于配合精密的运动件,纹理方向也很重要啊!你看清楚了图纸上标示的纹理方向要求,才能使你在处理工件表面时避免错误加工方法。

(三)粗糙度 *Ra* 值印象

Ra = 6. 3

表面状况:可见加工痕迹。

Ra = 3. 2

表面状况:微见加工痕迹。应用举例:和其他零件连接不形成配合的表面,如箱体、外壳、端盖等零件的端面等。

$Ra = 1.6$

表面状况:看不清加工痕迹。应用举例:安装直径超过 80 mm 的 G 级轴承的外壳孔等。

$Ra = 0.8$

表面状况:可辨加工痕迹的方向。应用举例:与 G 级精度滚动轴承相配合的轴径和外壳孔,过盈配合 IT7 级的孔(H7),间隙配合 IT8 ~ IT9 级的孔(H8,H9)等。

$Ra = 0.4$

表面状况:微辨加工痕迹的方向。应用举例:要求长期保持配合性质稳定的配合表面,IT7 级的轴、孔配合表面等。

$Ra = 0.2$

表面状况:不可辨加工痕迹的方向。加工方法:布轮磨、磨、研磨、超级加工。应用举例:工作时受变应力作用的重要零件的表面。保证零件的疲劳强度、防腐性和耐久性,并在工作时不破坏配合性质的表面,如要求气密的表面等。

$Ra = 0.1$

表面状况:暗光泽面。应用举例:工作时承受较大变应力作用的重要零件的表面。液压传动用的孔表面,汽缸套的内表面,活塞销的外表面,阀的工作面等。

在装配零件时,要留心 Ra。在图纸上标这个数时,设计师他们非常谨慎,尤其是 Ra 小于 2.5 时,更是谨慎!

因为取得太小,加工困难,使生产成本增加;取得过大零件质量得不到保证。他们费了那么多脑筋,万不可视而不见啊!

就粗糙度,知道以上内容就够用了,在现场遇到这个问题时,就不会因为不了解而丢了面子。插入语:光滑不光滑,也就是表面表面粗糙度与前面的尺寸精度有没有关系呢? 有关系,但不是直接关系。如镜子,镜面很光,也就是表面粗糙度很小,但尺寸精度却不高;但有时尺寸精度越高的话,表面粗糙度值自然越小,试想想,一根轴的精度非常高,那它要经过多道工序,粗车、精车、精磨。到尺寸符合要求时,它不光滑才怪。这可以作为解释精度与表面粗糙度关系的正反两个思路。

对以上内容,咱们来一次小小的回顾。最先我们学了公差,学了轴与孔的配合;仅用了很少的话,大家就明白了,又引出个关于形状和位置方面的公差,它又连带一系列符号、代号等;然后学会了测量技艺;最后把不能不提到的表面粗糙度又写了进来。

十四、实际演练

例如,外四方加工

要求:以标示粗糙度最小的一圆柱底面为基准 A 面;錾削、锯削各两面,共 4 面相对基准的垂直度不大于 0.5 mm,平面度不大于 0.5 mm;錾削的两面、锯削的两面,尺寸为(28±0.5)mm;锉削的一面,其表面粗糙度为 3.2 μm,相对基准平行度不大于 0.04 mm。

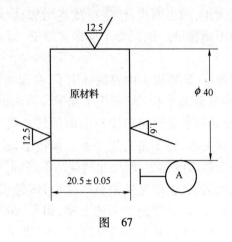

图　67

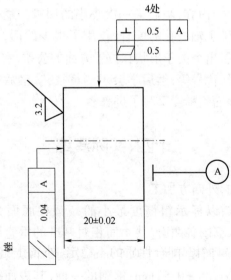

图　68

通过这个实例,感受这本小册子作用!

首先根据所标示粗糙度数值大小学会了选定基准 A。

其次学会了按照前面讲述的细节,去测量平行度、平面度、垂直度看是否符合要求。测量方法查看前几节的内容吧。

十五、"公差配合"对现场的指导

(一)滚动轴承与孔、轴及端面的配合

由于滚动轴承是薄壁零件,容易变形,人觉察不到,尤其在热装的情况下,尤其在过盈过大的情况下,轴或外壳孔的形状误差极易反映到套圈的轨道上,造成轴承的径向或轴向游隙产生变化。我们知道,轴承的游隙,决定了轴承的发热程度、磨损速度。因此,对轴颈和外壳孔应规定圆柱度公差。轴肩和外壳孔肩是轴承的安装基准面,对"两肩"应规定端面圆跳动,在装配中,我们往往不在意这些规定,这是由于我们不理解这些要求的重要性,或者不会测量,使得轴承转动不够灵活,滚动体或滚道磨损加剧,轴承过早失效;或因轴承内圈与轴的配合过盈量过大,而造成轴承内圈崩裂;或因过盈量过小,而造成轴承内圈弛缓。另外,从零件表面粗糙度上来看,轴颈表面过于粗糙将引起配合性质的不稳定,外壳孔配合表面过于粗糙会导致支撑不良,因为即使轴承内套与轴颈、轴承外套与外壳孔的配合符合标准配合方案,但由于表面过

于粗糙,则其实际上的配合情况并没有达到预定的目标。所以说,在装配中,粗糙度也应引起高度重视。

轴颈和外壳孔的形位公差及表面粗糙度按照轴承精度等级、轴承内外径作出了严格的规定,在组装时,我们一定要按照形位公差和表面粗糙度的规定去做,只有这样用心做了,在轴承旋转试验时,才不会产生令人不满意的振动和噪声,才能保证设备的使用安全和寿命。

(二)螺纹连接

自工业革命以来,螺纹自松动一直是一个没有很好解决的问题,尽管在最近的百年间,针对螺纹松动的问题推出了不少的解决方案,但直接由螺纹松动导致的事故在多个工业领域中时有发生,在铁路系统,螺纹松动现象更是普遍存在,这本小册子写于2004年,那段时期因为不注意装配质量和螺丝松动的问题造成了故障频发现象,自从高铁开通以来,零件装配技术和螺纹连接技术越发开始注重起来。

早期的机械设计师已经给出了防松的方法,我们一直在用,如弹簧垫圈防松、防缓异形片防松、加装防缓铁丝防松、双螺母、花螺母加开口销防松等等许多传统的方法。长期以来,实践证明这些传统的方法虽然有效,但却不够稳当,像个不定性的调皮小伙子。传统的观念,一直引领我们在这些防松的方案上下足功夫,很少理清相互纠结的关系,不少文献呈现逻辑混乱的情况,得出的结论经不住考验。如:预紧力合乎要求的情况下,螺纹连接就不会失效。但是不能解释也有螺母不久或很久后发生了松弛的现象;再如:由于振动,螺母轴向压力交替产生,此压力对螺母产生冲击,使得螺母往外窜动,最终导致螺母出现松动。不能解释连杆螺栓在那么恶劣的环境下工作,螺栓为何不向外窜动的现实……

我们现场的职工,面对说不清理还乱的现象,眼睛和思维都快要凝固了。但为了消除日常的"跑冒滴漏"现象,我们就发起整治"小而广"问题的宣言,我们能做的只是紧固螺丝和更换部分零件。效果固然明显,但却是一时的,正如皮鞋脏了,就用刷子刷一刷。

很早就听说国外进口的设备被国内一拆,就再也装回不到原来水平了,看来我们在装配技术上真的还不够好。

1. 在图样上螺纹的代号标注格式

螺纹代号 + 公称直径 × 螺距(单线时) + 旋向 + 旋合长度。参见图 69 一般螺纹表示法。

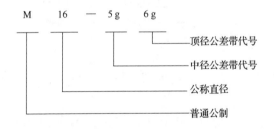

图 69

图 69 中,没有螺距,没有旋向,没有旋合长度的说明:

(1)不标注螺距,如 M16,表示为粗牙普通螺纹,螺距可以通过查阅标准获得,细牙螺纹必须标注螺距,如 M16×1.25 表示为细牙普通螺纹,螺距为 1.25。

（2）右旋螺纹不标注旋向,左旋标注 LH。旋向：螺纹的旋向是内、外螺纹旋进的方向,有左、右旋之分,按顺时针旋转时旋入为右旋螺纹,反之则为左旋螺纹。

（3）旋合长度分为短、中、长三种,代号分别用 S、N、L 表示。参看图 70 旋合长度标注。一般中等旋合长度不用标注。

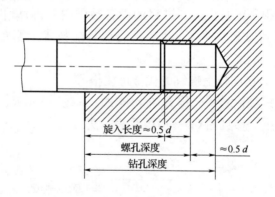

旋入长度≈0.5d

螺孔深度

钻孔深度

≈0.5d

图　70

（4）参见图 71,看内外螺纹螺距、内外螺纹的公称直径 D 和 d。

综合举例说明：M10×1—5g6g—S—LH—表示公称直径为 10 mm,螺距为 1 mm 的单线细牙普通螺纹,其公差带代号为 5g6g,旋合长度代号为 S（短）,左旋。

2. 公差代号的说明

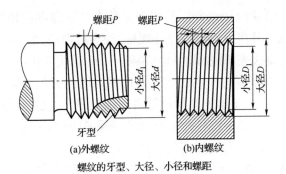

螺纹的牙型、大径、小径和螺距

(a)外螺纹　　　　　(b)内螺纹

图　71

公差带代号由数字加字母表示(内螺纹用大写字母,外螺纹用小写字母),如7H、6g等,数字代表精度等级,数字越小、精度越高;精度越高,公差越小,公差越小,制造越难;字母代表基本偏差,一般外螺纹使用 e、f、g、h 四个基本偏差,离 h 越近,间隙越小,内螺纹用大写表示,使用 G,H 两个基本偏差。如果中径和顶径的公差代号相同,标一个就可以了。

例如:M20×1LH—7H—L,表示公称直径为20,螺距为1的普通细牙左旋螺纹,顶径和中径公差带同为7H,长旋合长度为L。

螺纹的标注应直接注在螺纹大径的尺寸线上或其引出线上。见图72。

在装配图上,内外螺纹公差带代号用斜线分开,M20×2—6H/5g6g。

3. 螺纹连接失效探究

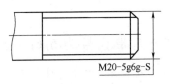

M20-5g6g-S

图　72

(1)螺纹松紧判别的依据是什么？铁路部门传统工作法是,习惯用检点锤敲打螺母,检查是否松,敲不动、声音对,就代表不松,敲得动、声间不对,就代表螺丝松,这种判断标准有些随意。松、紧是相对螺栓初始预紧力而言的。对大于螺栓初始预紧力的锁紧螺母,就可以说,螺母紧了;对小于螺栓初始预紧力的锁紧螺母,不论检查人员是否能敲得动,都应该算是"螺丝松"。那种已经使螺栓初始预紧力不存在的锁紧螺母,也就是螺母和机体之间已经没有了压紧力,如图73(a)所示,这是徒工可以处理的事情,不在我们的判别之列。

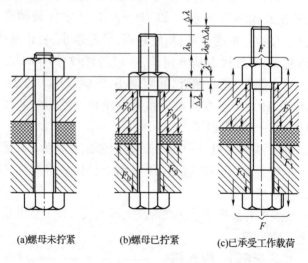

(a)螺母未拧紧   (b)螺母已拧紧   (c)已承受工作载荷

图　73

(2)螺栓初始预紧力是什么力呢？螺纹连接在装配时都要拧紧,使被连接件在承受工作载荷或偶发载荷之前,预先受到预紧力,以便增强被连接件间的可靠性和紧密性,防止受到载荷后,被连接件之间出现缝隙或发生相对滑移。这种考虑到工作载荷后仍然能够确保连接件之间不会发生缝隙或发生相对滑移的螺栓预紧力,称为螺栓初始预紧力。图73(c)中加了工作载荷之后,连接件仍有压缩量存在,螺栓的初始预紧力就足够;图74中,螺母与被锁紧件之间出现了间隙,说明初始预紧力不够。

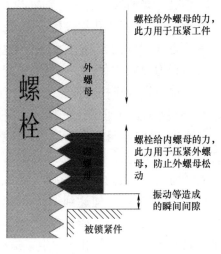

图　74

(3)螺母松动大纲:曾有专家明确指出螺母为什么会松动,一定是由于振动等原因使螺母和基体之间出现了间隙,螺母失去了轴向压力。振动中轴向压力的失去和产生交替出现,当再次产生压力时,此压力对螺母产生冲击,使得螺母往外窜动,最终导致螺母出现松动。如果螺母和基体始终贴紧并保持有压力,那是不会出现螺母松动的。

（4）如何保证螺母与机体间不出现间隙呢？这就要求我们的设计人员，将根据使用状态的受力分析，确定螺栓初始预紧力的大小，如紧固时按力矩要求在确定螺纹的公差与配合符合要求的情况下，操作者严格保证初始预紧力就可以了。

（5）正例——至此，螺纹防松问题好像完全解决了。是的，比如，内燃机车柴油机上受力特别复杂的活塞连杆螺栓，连杆螺栓螺纹与连杆体孔螺纹配合精度是优化的，初始预紧力是精心计算好的，我们的操作者也是严格认真地按照初始预紧力要求去做的，又使用了穿开口销防松的方法而我们很少发现连杆螺丝松动的案例。

（6）反例——反例多于正例，问题一是更多的螺纹连接属于普通连接，螺纹本身制造精度没那么精确，我们的操作者又缺乏选配的经验和意识，螺纹配合精度不能保证。初始预紧力更没有保证，拧紧螺栓或螺母时的随意性随处可见。问题二是，即使达到了初始预紧力要求，螺纹配合精度也合乎要求，也不能永保初始的状态，这是因为螺栓在高温或大的应力作用下发生了蠕变的结果。我们应该清楚，蠕变是一种不可恢复的永久塑性变形。对于连接螺栓来说，虽然工作温度一般比较低，但随着工作时间的持续，这种由于蠕变产生的变形，会对螺栓预紧力产生影响，使得连接螺栓的初始预紧力降低。

（7）让我们归纳一下预紧力不够的原因

① 设计计算出的预紧力偏小，或者由于使用环境的变化，振动增强，螺栓附加应力提高；

② 拧紧螺母时，没有考察力矩和预紧力的比例系数

K 的变化,造成力矩达到而预紧力达不到。

③ 在使用中,螺栓在大的应力作用下,随时间延长发生材料的蠕变,完全弹性变形转化为部分塑性变形,使得螺栓的初始预紧力减小。

④ 螺纹公差或材质的影响,由于螺纹配合高度小或材质问题,受力最大的第一道螺纹被压溃后,第二道螺纹承担最大的压力,甚至于依次被压溃,造成螺栓相对伸长,而被连接件压缩量相对缩小,根据"虎克定律",这时被连接件之间的压应力变小了,也就预示着实际初始预紧力在减小。如图 75 所示为普通螺纹的受力情况。

普通螺纹的结构及受力图

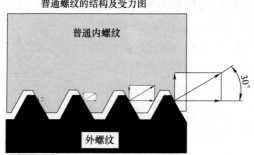

图 75

(8)伟大的发现——弹簧垫圈,可以维持初始预紧力的元件。

弹簧垫圈可以预防初始预紧力的减少。不论哪种原因,造成初始预紧力有减小趋势,或初始预紧力不够用的时候,弹簧垫就会开始发挥作用,它的弹力起到补充部分初始预紧力的作用。并且使得螺母与机体之间保持无间隙。但当螺栓初始预紧力大于螺栓屈服极限的 80% 以上,螺栓产生塑性变形而渐渐伸长,甚至在拧紧的过程中,螺栓断裂,弹簧垫圈无法挽救这类情况。

(9)其他传统的防松元件和防松方法的作用

在预防螺纹松弛方面,其实大多都是在防止松脱。在预防预紧力减小方面没有得到多少益处。这些防松元件或防松方法本不应该在我们的探讨范围,但为了理清以往在防松方面所做的这些努力,还是有必要叙述清楚。

① 耳熟能详的双螺母

在大家的心里,双螺母对顶拧紧结构是最牢靠的锁紧方式。其实不然,因为当遇到初始预紧力减小时,它们根本起不到补充预紧力的作用,其性能还不如弹簧垫好。

但此结构组合,在防螺母松脱方面可谓功不可没。双螺母防松的原理必须是"对死"。如图76所示,双螺母就象两只牛头对头顶牛一样,两只牛的腿肯定是朝自己的后方使力的,假设工件的反弹力是你,不管你推不推牛屁股,两牛头之间都有压力。有压力就有摩擦力,有摩擦力就不会轻易自动滑动。可见双螺母仅仅起到螺母和螺纹之间不相对滑动的效果。

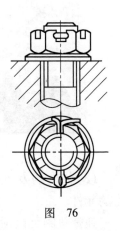

图 76

② 广泛采用的机械防松

当螺母松退到防松位置时,防松方式才能发生效果。这种方式实际上也是防脱落。

③ 永久防松:点焊、铆接等

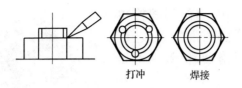

打冲   焊接

图 77

这种方法防松的实质和双螺母结构一样,但不如双螺母的是,在拆卸时被破坏,无法重复使用。

④ 弹簧垫圈的另一个作用

大家都知道弹簧垫圈是个很有效果的防松元件,受到现场的热捧,一遇到螺母松的问题,就会不约而同地想到加一个弹簧垫圈。加了弹簧垫圈后,有时还是不免松弛就很迷茫了。其实一件东西只因为好,不仅仅是因为一方面好。它不仅能在初始预紧力减低的一定范围内维持螺栓和螺母之间始终具有压紧力,它的另一个作用,是开口处两端的刃口,会切向机体和螺母下端面,当螺母按松的方向有

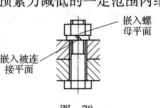

嵌入螺母平面

嵌入被连接平面

图 78

转动趋势时,刀刃就会产生强有力的阻力(图78)。

(10)新思路下研发的螺纹或螺母。

国内外技术人员一直在努力,他们从螺纹配合的角度出发,研制出了新型的螺纹或螺母。

① 自锁螺母,将螺母上端的圆锥体沿轴向两边开口,见图79,靠上端开口处的回弹力,使上端部螺纹紧紧与螺栓螺纹抱死,让本来的间隙配合通过改造变成局部的过盈配合,起到防松的目的。这种防松的作用和双螺

母防松作用一样,当螺栓预紧力消失或瞬间消失后,它也能防止螺母滑动,但效果不如双螺母防松结构。

图 79

② 在螺纹上涂抹"厌氧胶",当把"厌氧胶"涂到螺纹上,螺纹旋合,将里面的氧气挤压出去之后,"厌氧胶"马上变成性质稳定的类似塑胶的聚合物,填满了螺丝间的所有间隙。达到最优化的紧配合。尼龙衬套螺母,与此行异而神似。不再多言。

③ "施必牢"螺纹,又是从螺牙上下功夫的例子。施必牢的作用机理是增加了连接螺纹间有效接触面积和改变了受力方向。由此产生两大变化,其一摩擦阻力增加了,其二第一道螺纹被压溃的可能性大大变小了。所以也得到了好的效果反映。参见图80施必牢螺纹的结构及受力图与普通螺纹比较。

由此看来,新的一代技术人员,正在悄悄地把目光转移到螺纹的配合方式上来了。无论是自锁螺母还是"厌氧胶"还是尼龙衬套螺母,都是在优化螺纹的公差与配合。大名鼎鼎的"施必牢"也不例外。

幽灵一样变幻莫测的螺纹松弛现象,是由于螺纹的不良配合因素在内部作祟,还有螺栓发生的蠕变在内部作祟。以后在分析螺纹松弛时,考虑到以上两个因素,那么许多分析就会变得容易了。

可惜,在我询问到的众多的钳工师傅中,也包括一些喜欢研究技术的人员,无一例外地让我失望。他们对螺

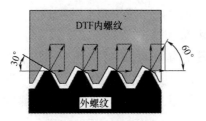

(a)施必牢螺纹的结构及受力图

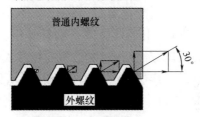

(b)普通螺纹的结构及受力图

图 80

纹松弛现象的理解和分析,往往是说了东填不上西,出来矛和盾的尴尬结果,只好草草收场。但在个别技工精英中,他们已经具有了选择螺纹的现场经验,他们的经验正好与螺纹的"公差与配合知识"相一致。所以他们非常愿意学习螺纹的公差与配合知识。

(11)让我们看看哪些公差在影响着配合的性质。

螺纹顶径、中径的影响:螺杆的顶径、中径比螺母相对应的顶径、中径大时,就不容易拧入;反之,则配合过松,容易松。当公差过大时,左右松旷明显,且螺牙接触高度减低,造成牙侧面接触面积小,摩擦力也就减少了。不仅容易松滑,受力最大的第一个螺牙也容易被压溃。

牙型角的影响:牙型角度误差对螺纹配合有直接影响,角度出现误差的话直接影响到螺纹的齿宽,齿宽不一样就会拧不进或太松。螺纹间上下松旷。

4. 螺纹测量和选配

检查手段是有限的,不见得能发现所有问题。但问题发生时,总有一两个主要原因使其发生。

通常用螺纹量规(内螺纹用塞规,外螺纹用环规),进行综合测量。

用螺纹千分尺测量普通外螺纹中径,用三针测量法测量外螺纹中径,用工具显微镜测量螺距、中径、牙型半角。测量的具体方法略去,留给专业技术人员继续学习。在我们的日常工作中,不可能测量螺纹,实践证明,即便公差精度很高,每个螺丝也不一定都是最合适的。况且螺纹材质还不一定达到要求。螺纹是一个复杂的几何体,它有许多技术参数。如果要完全控制螺纹的公差,则需要对螺纹的所有参数进行测量,这要花费大量的时间和高额的检测成本,这样做在实际生产中是行不通的。

所以选配显得特别重要,不测量如何选配呢? 首先要选取符合技术要求的螺栓螺母,包括材质和制造工艺,其次凭手感,在拧紧的时候,凡是感觉能柔和旋进的,都是符合最佳配合要求的螺丝。尤其是即将拧到位时的手感很重要。上、下、左、右,不可有明显的间隙,这样即使螺栓轴向力失去,而二者之间的摩擦力还存在,也不会轻易滑动。

现时的普通螺纹,要普遍达到 6H,6h 或 6G,6g 比较困难,更不用说是达到该螺纹精度的 5 级了。所以在安装螺丝时,不认真选取螺纹的配合,是造成螺丝松弛的一个原因。建议把螺纹公差变为 6H/6js,给我们的已经学会并重视公差与配合的钳工留有选择的空间,相信会有好的效果。

5. 螺纹连接防松总结

1)通过以上的综合分析,可以得出结论:

(1)符合要求的螺纹配合精度;

(2)符合实际需要的螺栓初始预紧力。

符合这两点应该足矣。但是,众所周知螺纹的配合,不可能都取得优化方案;在装配现场预紧力一般是采用力矩法或转角法的手段来达到的,不易直观的测量,螺栓初始预紧力不一定达到标准。因此,当确定了初始预紧力之后,安装时采用何种控制方法或者如何规定拧紧力矩的指标,则成为关键问题。所以科技人员给出了扭(矩)-拉(力)关系的主要关系式以及典型的拧紧方法。

关系式是:力矩 = K × 螺栓初始预紧力 × 螺栓公称直径。

K 的取值:在无润滑的状态下,一般取 0.15 ~ 0.2。也可以根据国标 GB 1683.2—1997,按公式计算,或按标准选取。当按计算出的扭矩值扭紧螺栓时,螺栓被扭断或滑丝多属于螺栓质量问题,而不是超扭矩造成的,必须更换螺栓,绝对不能降低扭矩值。

建设部也曾发布了 JG/T 5057.40—1995 预紧力和预紧扭矩值速查表。在没有给定预紧力要求的时候,也可以通过速查表,查取螺栓的扭矩值。

2)附加常用扭力扳手使用说明

扭力扳手使用说明

(1)结构简图

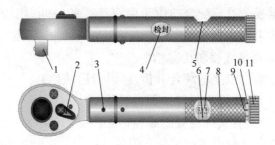

图 81

1—方榫;2—换向手柄;3—定位销;4—检封;5—主标尺窗;6—主标尺基准;7—主标尺;8—检定加力;9—副标尺基准线;10—副标尺;11—设定轮

（2）使用方法

① 扭矩值的设定：

本产品为离合式设定方式,设定时将设定轮边旋转边适当用力向后拉出,使设定销卡入设定轮的相应槽中,同时设定轮上隐藏的副标尺露出来;

顺时针（示值增大）或逆时针（示值减小）旋转设定轮,使标尺窗内主标尺的示值与设定轮上的副标尺示值分别对准主、副标尺的基准线,主、副标尺示值相加之和即为所需要设定的扭矩值;

扭矩值确定后,将设定轮推入原位置,扭矩值设定工作完毕。

② 将扳手方榫套入相应尺寸规格的套筒;

③ 将套筒套入螺母或螺栓帽上;

④ 按顺时针（右旋）方向均匀施力;

⑤ 当听到"咔嗒"声或感到扳手上有卸力感时,即已达到所设定的扭矩值。

⑥ 当拧长螺栓或油管一类的螺母,套筒无法工作的情况下,需更换开口头或其他专用头。更换方法如下:

压下定位销,沿脱力方向施力,即可取下棘轮头;

将选好的相应尺寸开口头插入连接孔中并使定位销弹入小孔内即可。

(3)补充说明几点

在没有特别技术要求的场合,扭紧力矩应由现场技术人员根据实际需要设定。在一些企业标准里可查到螺栓安全力矩范围。

高温及温度变化大的场合下工作的螺母,应定期重新扭紧螺母。

选择螺纹优化配合。

对于不能确定螺纹质量与配合精度的,又不能确定偶发振动程度的,习惯延续传统防松方式的,还要注意:

① 使用双螺母对顶锁紧时,上面的螺母一定要比下面的螺母紧固力矩大,以保证上螺母拉伸螺栓,下螺母压缩螺栓,保证两螺母之间始终有压紧力。在《机械设计手册》中,明确了两个对顶螺母锁紧的要求,正确安装方法为:先用规定的拧紧力矩的 80% 拧紧里面的螺母,再用 100% 的拧紧力矩拧紧外面的螺母,里面的螺母一般用薄螺母,而上面的螺母用厚螺母,为防止装错,可以采用两个等高的螺母。在拧紧外螺母的实际操作中,为了防止里面的螺母跟随转动,要用扳手固定住,再拧外螺母。

② 使用弹簧垫圈时注意,弹簧垫圈由于长时间压缩会失去应有的弹性,或刃口变钝。因此,在安装弹簧垫圈前,应检查其弹性是否失效。检查的方法是看垫圈接口

处两端上下是否错开了一定的角度,若其错开角度较小或没有错开,则此垫圈已失效。看刃口是否变钝,变钝则失效。同时,垫圈尺寸应与相配合的螺栓尺寸对应,垫圈外径略小于螺母外径为合适。

6. 抛砖引玉

1)自动跟进式锁紧方式探讨与设计

传统的防松方式,都是围绕螺母不松退来考虑,比如双螺母、止退垫片、防松退铁丝等,这些措施起到了防松退,或者叫作防松脱的目的,但是,不能防止预紧力的减少,从而也就不能防止可靠的有效连接。后来重视起螺纹的公差与配合之后,研制了一些新型的螺纹和螺母,也仅仅是建立在螺母不松退的思维上,能否改变思路——当螺母和机体之间产生间隙后,有能让螺母往里窜动的机构。果真如此的话,那么我们的螺纹防松问题将得到一次很理想的解决。顺着这个思路,让我们开动脑筋吧。先让我们探讨是否可以这样改变双螺母锁紧机构的布置:第一个靠近机体的螺母为锁紧螺母,按要求的锁紧力矩锁紧,在其上增加一个蝶形弹簧片,蝶形弹簧片的上面的螺母只要求把蝶形弹簧垫片压上劲。这样,当螺母与机体一旦出现间隙的时候,第一道螺母在上面弹簧垫片回弹力的作用下,能够迅速跟进。至少不向外窜动。这个方法也许能够发挥意想不到的防松效果呢,拭目以待吧。

2)国外技术人员研制的防松螺母给我们的启示

(1)瑞典提供一种不会受任何振动或动力负载影响的螺栓安全锁紧系统,就是 NORD - LOCK AB 垫圈。这个系统由两片垫圈组成(图82),外侧是带有放射状凸纹面,内侧为斜齿面。工作原理很简单:它当装配时,内侧斜齿面间相对,外侧放射状凸纹面与两端接触面成咬合状态,当连接件受到振动,并使螺栓发生松动趋势时,仅仅允许两片垫圈内侧斜齿面间相对错动,产生抬升张力,从而达到较好的锁紧效果。

这个系统的高明和大胆之处在于:无论预紧力高低都具有良好的锁紧效果,可以控制预紧力的高低。这是他们对这套系统最得意的宣言。

图 82

(2)在铁路第五次大提速时,首次引进了庞巴迪公司的 AM－96 型转向架,其螺母结构(图83)是在加厚的螺母中间部位铣出一道窄槽;图84 是在螺母上加了防缓弹簧。

图 84

图 83

实践证明,这些螺母的防松效果良好,庞巴迪公司的研制者仍然不断追求,在结构上又作了改进,使得该螺母防松效果更加突出(图85),在螺母的上部加工成圆柱形状,并铣切出上下两道切口(图85、图86)。

切口以上部分不受螺母下部受力后的影响,我们知道,第一道螺纹受力最大,第二道次之,所以各道切口的第一道螺纹同样受力最大,这样在切口部分不仅使得螺栓轴向弹性变形增加,而且切口部分会产生对称的弯曲扭矩,当螺

图　85

母发生松动趋势时,增加的弹性变形和对称的弯曲扭矩就会阻止螺母实体松退,甚至可以使螺母实体产生微量的自动跟进,这也许就是庞巴迪公司 AM－96 型转向架上使用的螺母之所以成功的原因吧。

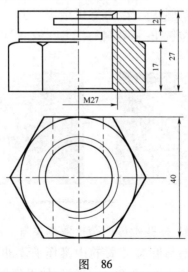

图　86

尾　声

通过学习"公差与配合"知识,我们回过头分析下那些未解的生产难题吧:比如东风4型内燃机车的闸瓦制动调节器,有时莫名地自动抱闸,经检查哪个零件都不缺,哪个螺丝都不松,可就是找不出故障发生的原因,没办法只好将该制动器停用或换新,现在是否可以从各销轴配合间隙上,从棘钩形状和位置公差方面考虑问题呢?再比如和谐3型电力机车脚踏警惕开关踏板导向柱卡滞故障,现在是否可以从合页轴相对踏板导向柱安装平面的平行度、位置度方面着眼考虑呢?

相信会有满意的答案的。

通过学习"公差与配合"知识,当你再进行机械维修时,你应该先耐下心来,看一看图纸上的技术要求,检查一下自己,是否看明白了图纸,是否按照人家图纸的要求去做了,而不是马上下结论,说设计不合理,需要投资改造,这样做浪费钱财不说,还要承担自以为是的恶名。

通过学习"公差与配合"知识,至少你会知道螺母也有选择公差与配合的权利。学会螺纹公差的选择和防松机理,在机械装配业也算得上技术高手了。

有关公差与配合方面的内容还有不少。要想都搞懂,就要继续深入钻研下去。当然,如果你想在这个领域有些成就,那就另当别论了。咱只要知道咱装配时需要知道的那一部分就暂时能应用一阵了。其余的让给制造及设计者去学吧。

你选择就按公差配合的要求去做吧,这些知识会飘进你的记忆深处,时刻捍卫公差制定者的初衷,那么你装配的零件质量准过硬。

你如有开各种机械维修部的亲朋好友,别忘给他们讲讲,几个月后,他就会衡量出你拥有这门知识的价值。

参考文献

[1] 《机械零件》西北工业大学编. 高等教育出版社.

[2] 《紧固件连接设计手册》编委会. 紧固件连接设计手册.

[3] 《公差与配合》人事部培训就业局编. 中国劳动出版社.

[4] 景秀并,《双螺母防松振动性能分析与研究》,2004 年 《天津大学学报》.

[5] 唐辉,《核电设备中螺纹连接结构的松动、损伤机理》,《核动力工程》1999 年 02 期.

[6] 王字勤,《螺纹连接松弛机理研究》,《现代机械》2001 年(3).

[7] 姚敏茹,《螺纹连接防松技术的研究应用与发展》,《新技术新工艺》.

[8] GB/T 10431—1989 紧固件横向振动试验方法.

[9] 《互换性与测量技术基础》 河北科学技术出版社.